MINTUS – Beiträge zur mathematisch-naturwissenschaftlichen Bildung

Reihe herausgegeben von

Ingo Witzke, Mathematikdidaktik, Universität Siegen, Siegen, Deutschland

Oliver Schwarz, Didaktik der Physik, Universität Siegen, Siegen, Nordrhein-Westfalen, Deutschland

MINTUS ist ein Forschungsverbund der **MINT**-Didaktiken an der Universität Siegen. Ein besonderes Merkmal für diesen Verbund ist, dass die Zusammenarbeit der beteiligten Fachdidaktiken gefördert werden soll. Vorrangiges Ziel ist es, gemeinsame Projekte und Perspektiven zum Forschen und auf das Lehren und Lernen im MINT-Bereich zu entwickeln.

Ein Ausdruck dieser Zusammenarbeit ist die gemeinsam herausgegebene Schriftenreihe *MINTUS – Beiträge zur mathematisch-naturwissenschaftlichen Bildung*. Diese ermöglicht Nachwuchswissenschaftlerinnen und Nachwuchswissenschaftlern, genauso wie etablierten Forscherinnen und Forschern, ihre wissenschaftlichen Ergebnisse der Fachcommunity vorzustellen und zur Diskussion zu stellen. Sie profitiert dabei von dem weiten methodischen und inhaltlichen Spektrum, das MINTUS zugrunde liegt, sowie den vielfältigen fachspezifischen wie fächerverbindenden Perspektiven der beteiligten Fachdidaktiken auf den gemeinsamen Forschungsgegenstand: die mathematisch-naturwissenschaftliche Bildung.

Weitere Bände in der Reihe https://link.springer.com/bookseries/16267

Daniel Thurm · Laura A. Graewert

Digitale Mathematik-Lernplattformen in Deutschland

 Springer Spektrum

Daniel Thurm
Didaktik der Mathematik
Universität Siegen
Siegen, Deutschland

Laura A. Graewert
Didaktik der Mathematik
Universität Siegen
Siegen, Deutschland

ISSN 2661-8060   ISSN 2661-8079 (electronic)
MINTUS – Beiträge zur mathematisch-naturwissenschaftlichen Bildung
ISBN 978-3-658-37519-5   ISBN 978-3-658-37520-1 (eBook)
https://doi.org/10.1007/978-3-658-37520-1

Die Deutsche Nationalbibliothek verzeichnet diese Publikation in der Deutschen Nationalbiblio-
grafie; detaillierte bibliografische Daten sind im Internet über http://dnb.d-nb.de abrufbar.

Planung/Lektorat: Marija Kojic
Springer Spektrum ist ein Imprint der eingetragenen Gesellschaft Springer Fachmedien Wiesbaden
GmbH und ist ein Teil von Springer Nature.
Die Anschrift der Gesellschaft ist: Abraham-Lincoln-Str. 46, 65189 Wiesbaden, Germany

Inhaltsverzeichnis

Einleitung 1

Die fortschreitende Digitalisierung in nahezu allen Lebensbereichen tangiert in besonderer Weise auch den Bildungsbereich. So muss Schule einerseits auf das Leben in einer digitalen Welt vorbereiten (digitale Bildung als Lehr-Lerninhalt), andererseits eröffnen sich durch den Einsatz digitaler Medien auch neue Möglichkeiten mathematische Lernprozesse zu unterstützen (vgl. BMBF, 2016, S. 10). So ist etwa der Einsatz von „digitalen Mathematikwerkzeugen", wie beispielsweise grafikfähigen Taschenrechnern, Funktionenplottern oder Computer-Algebra-Systemen, fachdidaktisch gut beforscht und verbindlich in den Bildungsstandards im Fach Mathematik verankert (Barzel, 2012; Heid & Blume, 2008; KMK, 2015; Thurm, 2020; Thurm & Barzel, 2021).

Neben digitalen Mathematik-Werkzeugen rückt in den letzten Jahren das Angebot und die Nutzung von (internetbasierten) digitalen Mathematik-Lernplattformen (z. B. Bettermarks, Mathegym, Anton) verstärkt in den Fokus der Aufmerksamkeit (Ebbinghaus, 2020; Hommerich, 2014; TAZ, 2020; WELT, 2020), welche durch eine Kombination von Aufgaben, Hilfen, Tipps, Erklärungen, Videos und Feedback Lernprozesse unterstützen sollen. So wird sich etwa erhofft, dass Mathematik-Lernplattformen eine Unterstützung darstellen, um im Unterricht erlernte Inhalte zu üben oder um mathematische Kompetenzen zu diagnostizieren und zu fördern. Die zunehmende Relevanz der Angebote zeigt sich dabei auch durch eine zunehmende Institutionalisierung. So ermöglicht beispielsweise Hamburg seit September 2018 allen Lehrkräften an Stadtteilschulen und Gymnasien über Generallizenzverträge die webbasierten Mathematik-Lernplattformen „Bettermarks" und „kapiert.de" im Mathematikunterricht kostenlos einzusetzen (BSB, 2018). Besondere Aufmerksamkeit erlangten Mathematik-Lernplattformen zudem im Zuge der COVID19-Pandemie, da man

D. Thurm und L. A. Graewert, *Digitale Mathematik–Lernplattformen in Deutschland*,
MINTUS – Beiträge zur mathematisch–naturwissenschaftlichen Bildung,
https://doi.org/10.1007/978-3-658-37520-1_1

sich erhoffte, durch den Einsatz dieser Plattformen die Folgen von Unterrichts-
ausfällen abfedern zu können. Aufgrund der großen Nachfrage musste etwa
Bettermarks nach eigenen Angaben die Anmeldung von neuen Nutzer:innen kurzfristig begrenzen, um das System stabil zu halten (DS, 2020). Auch auf politischer
Ebene rückten Lernplattformen vermehrt in den Fokus. So stellte etwa die Bun-
desregierung kurzfristig 100 Mio. EUR aus dem Digitalpakt Schule für den Auf-
und Ausbau von Online-Lernplattformen bereit.

In Anbetracht der zunehmenden Bedeutung von Mathematik-Lernplattformen
ist es von besonderer Relevanz, die Angebote im Hinblick auf Potenziale und
Grenzen für ein konstruktives Mathematiklernen zu untersuchen. Der vorliegende
Report möchte sich diesen Fragen nähern und wirft einen Blick auf deutsch-
sprachige webbasierte Mathematik-Lernplattformen aus einer mathematikdidaktischen Perspektive. In Kap. 2 wird zunächst aufgezeigt, dass Mathematik-
Lernplattformen sich hinsichtlich vielfältiger Aspekte unterscheiden können,
wobei es hilfreich ist, zwischen der Oberflächenstruktur (z. B. Design, Funktionalitäten) und der Tiefenstruktur (z. B. Qualität der Aufgaben) der Plattformen
zu unterscheiden. Hierauf aufbauend werden in Kap. 3 und 4 eine Auswahl von
deutschsprachigen und internationalen Mathematik-Lernplattformen vorgestellt.
Da die Art der auf den Plattformen dargebotenen Aufgaben entscheidend für
die angeregten Lernprozesse ist, wird in Kap. 5 eine vertiefte Analyse der dargebotenen Aufgaben auf drei Mathematik-Plattformen für zwei Inhaltsbereiche
(„Multiplikation von Brüchen", „Satz des Pythagoras") vorgenommen. Kap. 6
nimmt anschließend die Adaptivität von Mathematik-Lernplattformen in den
Blick und gibt eine erste Orientierung, inwiefern Adaptivität bei den gegenwärtigen Angeboten auf Ebene der Lernprozesssteuerung und des Feedbacks
realisiert wird. Kap. 7 betrachtet die Befundlage zur Wirksamkeit der in diesem Beitrag vorgestellten Mathematik-Lernplattformen. Der Report schließt mit
einer Zusammenfassung (Kap. 8), in der aktuelle Entwicklungsbedarfe aufgezeigt
werden.

Digitale Mathematik-Lernplattformen

2

Ansätze zur Entwicklung und Beforschung digitaler Mathematik-Lernplattformen reichen zurück in die 1970er Jahre und haben ihre Wurzeln in der programmierten Instruktion (Crowder, 1959; Skinner, 1958). Die Grundidee der programmierten Instruktion ist, ein vorgegebenes Lernziel in einer gestaffelten Abfolge klein-schrittiger, kontrollierter, aufeinander aufbauender Informationseinheiten bzw. Frage-Antwort-Mustern zu präsentieren und Reize zu schaffen, die eine korrekt erlernte Information verstärken. Bei jedem Schritt soll dabei sofort geprüft wer-den, ob eine Information richtig aufgefasst wurde (vgl. Kerres, 2018).[1] Es hat sich jedoch gezeigt, dass sich ein solches, auf behavioristischen Theorien von Lernen beruhendes Vorgehen nur für bestimmte Wissensarten, wie etwa Fakten-wissen oder ein begrenztes Fertigkeitentraining, eignet (Kerres, 2018, S. 153). Seit diesen ersten Konzepten hat sich das Feld jedoch stark weiterentwickelt und umfasst heute eine Vielzahl unterschiedlicher Ansätze (Ma et al., 2014), wel-che unter vielfältigen Bezeichnungen wie „Computer Aided-Instruction" (CAI), „Computer-Based Instruction" (CBI), „Computer Aided Learning", „Cognitive Tutors", „Computer-Based Training", „Intelligent-Tutoring-Systems" (ITS) oder „Intelligent Mathematics Software" (Ma et al., 2014) firmieren. Die Abgrenzung zwischen den unterschiedlichen Begriffen und Ansätzen ist dabei nicht trenn-scharf (Ma et al., 2014). Im weitesten Sinne versuchen jedoch alle Ansätze durch strukturiertes, technologiegestütztes Bereitstellen von Aufgaben, Feedback, Tipps und Informationen, kognitive, motivationale oder metakognitive Lernprozesse zu unterstützen. Als Vorteil der digitalen Realisation werden dabei insbesondere die

---

[1] "Der Begriff „programmierte Instruktion" bezieht sich damit nicht auf die Programmierung einer Software, sondern auf eine definierte Folge von Lernschritten, bei der die beschriebe-nen Verstärkungsmechanismen zum Tragen kommen können." (Kerres, 2018, S. 150).

© Der/die Autor(en), exklusiv lizenziert an Springer Fachmedien Wiesbaden GmbH, ein Teil von Springer Nature 2022
D. Thurm und L. A. Graewert, *Digitale Mathematik–Lernplattformen in Deutschland*, MINTUS – Beiträge zur mathematisch–naturwissenschaftlichen Bildung, https://doi.org/10.1007/978-3-658-37520-1_2

Möglichkeit des schnellen und adaptiven Feedbacks auf Basis der Benutzeraktionen, eine höhere kognitive Aktivierung, z. B. aufgrund neuer Aufgabenformate sowie eine individualisierte adaptive Lernprozesssteuerung (z. B. passgenaue Aufgabenzuweisung) angeführt:

> „Researchers have explained the CBI advantage as resulting from greater interactivity and adaptation than is available in teacher-led, large-group instruction and presentational modes of instruction. Specifically, they have attributed the effectiveness of CBI to greater immediacy of feedback (Azevedo & Bernard, 1995), feedback that is more response-specific (Sosa, Berger, Saw, & Mary, 2011), greater cognitive engagement (Cohen & Dacanay, 1992), more opportunity for practice and feedback (Martin, Klein, & Sullivan, 2007), increased learner control (Hughes et al., 2013), and individualized task selection (Corbalan, Kester, & Van Merriënboer, 2006)." (Ma et al., 2014, S. 904)

Im vorliegenden Report werden aus pragmatischen Gründen unter dem Begriff „Mathematik-Lernplattform" alle Angebote gefasst, welche webbasiert zugänglich sind und eines oder mehrere der folgenden Elemente bereitstellen: Lerninhalte, Aufgaben, Feedback oder Hilfen. Bei der Betrachtung solcher Mathematik-Lernplattformen lassen sich unterschiedliche Facetten in den Blick nehmen. Im vorliegenden Report soll dabei, in Anlehnung an Barzel et al. (2019) und Klinger (2019), eine Unterscheidung zwischen Oberflächen- und Tiefenstruktur der Plattformen vorgenommen werden. Die Oberflächenstruktur umfasst dabei zum Beispiel das Design oder die Funktionalitäten der Lernplattform und ist in der Regel auch ohne vertiefte fachdidaktische Kenntnisse und Analyse einzuschätzen. So lässt sich zum Beispiel leicht feststellen, ob eine Lernplattform der Lehrkraft ermöglicht Aufgaben einer Schulklasse oder einzelnen Lernenden zuzuweisen oder welche Lerninhalte und Klassenstufen adressiert werden. Die Analyse der Tiefenstruktur einer Plattform umfasst hingegen fachspezifische und fachdidaktische Aspekte, wie etwa die Qualität der dargebotenen Aufgaben oder die Qualität der Diagnostik und des Feedbacks. Die Tiefenstruktur ist dabei in der Regel nur durch eine vertiefte Auseinandersetzung mithilfe fachdidaktischer Expertise zu beurteilen. Abb. 2.1 gibt einen Überblick über wichtige Facetten der Oberflächen- und Tiefenstruktur von digitalen Mathematik-Lernplattformen. Im Folgenden werden in Kap. 3 und 4 zunächst Mathematik-Lernplattformen bezüglich ausgewählter Aspekte der Oberflächenstruktur vorgestellt. Kap. 5 und 6 adressieren mit der Qualität der dargebotenen Aufgaben und der Adaptivität zwei Merkmale der Tiefenstruktur.

Oberflächenstruktur
(Design / Funktionalitäten)

- Inhaltsbereiche und Klassenstufen?
- Menüführung / Navigation (übersichtlich, einfaches Finden von Lerninhalten)?
- Formen der Aufgabenstellungen (offen vs. geschlossen), Art des Inputs (Tastatur, Handschrifterkennung)?
- Formate der Hilfeangebote (z.B. Erklärvideos, Hilfe-Fenster, Links)?
- Automatische Auswertung der Aufgaben, Bereitstellung von Feedback, Erkennung von äquivalenten Lösungen?
- Klassenmanagement (z.B. Zuweisung von Aufgaben an Klassen / Lernende, Überblick über Lernaktivitäten)?
- Schnittstellen zu anderen Lernmanagementsysteme (z.B. Moodle)?
- Adaptivität der Inhalte (sind Aufgaben modifizierbar, sind sie erweiterbar zum Beispiel mit PDFs und Links)?
- …

Tiefenstruktur
(kognitive Aktivierung & konstruktive Unterstützung)

Kognitive Aktivierung
- Abdeckung verschiedener Wissensarten (prozedural, konzeptuell, metakognitiv)?
- Produktives, vernetzendes Üben oder isoliertes Training von Fertigkeiten?
- Abdeckung verschiedener prozessbezogenen Kompetenzen?
- Förderung von metakognitiven und selbstregulativen Fähigkeiten?
- Fachdidaktisch sinnvolle Integration von digitalen Mathematikwerkzeugen (z.B. Funktionenplotter, dynamische Geometriesoftware, CAS)?
- Verstehensförderliche Visualisierungen (z.B. multipel verknüpfte Repräsentationen)?
- Fach- und Bildungssprache (z.B. sprachsensible Aufgabenstellungen)?
- …

Konstruktive Unterstützung
- Qualität der Diagnostik (z.B. verstehensorientierte Diagnostik, Identifikation von Fehlvorstellungen)?
- Qualität des Feedbacks (z.B. adaptiv auf identifizierte Fehlvorstellungen abgestimmt, Feedback fördert Vorstellungsaufbau)?
- Qualität der Aufbereitung der diagnostischen Daten für Lehrkräfte und für Lernende (z.B. Verarbeitung in Kompetenzniveaus oder Verstehensstufen, individuelle Lernfortschrittsdiagnosen, Darstellung der Lernwege)?
- …

Abb. 2.1 Oberflächen- und Tiefenstruktur digitaler Mathematik-Lernplattformen

Vorstellung ausgewählter deutschsprachiger Mathematik-Lernplattformen

3

Mittlerweile existiert für den deutschsprachigen Raum eine durchaus nennenswerte Anzahl an Mathematik-Lernplattformen. Das Ziel des vorliegenden Kapitels ist, eine Übersicht über entsprechende Angebote zu geben und die Funktionalitäten der Plattformen hinsichtlich der Oberflächenstruktur zu beschreiben (Tab. 3.1). Dabei ist zu beachten, dass die Auswahl der im Folgenden vorgestellten Plattformen keinen Anspruch auf Vollständigkeit hat. Insbesondere ist es aufgrund fehlender Statistiken zu Nutzerzahlen und Nutzungsintensität der unterschiedlichen Mathematik-Lernplattformen an dieser Stelle nicht möglich, die „größten" oder „am stärksten genutzten" Plattformen zu betrachten.

Die Vorstellung der Lernplattformen in diesem Kapitel fokussiert die folgenden Aspekte:

- *Klassenstufe:*
  Für welche Klassenstufe werden auf der jeweiligen Plattform Inhalte angeboten?
- *Rückmeldung am Ende der Aufgabenbearbeitung:*
  Inwiefern wird nach Abschluss der Bearbeitung eine automatische Rückmeldung zur Bearbeitung der Aufgabe gegeben (z. B. „korrekt/inkorrekt")?
- *Hilfen während der Aufgabenbearbeitung:*
  Inwiefern stehen während der Aufgabenbearbeitung Hilfen (z. B. in Form von Tipps oder Hilfetexten) zur Verfügung?

Die Originalversion dieses Kapitels wurde revidiert. Ein Erratum ist verfügbar unter
https://doi.org/10.1007/978-3-658-37520-1_9

© Der/die Autor(en), exklusiv lizenziert an Springer Fachmedien Wiesbaden GmbH, ein Teil von Springer Nature 2022, korrigierte Publikation 2023
D. Thurm und L. A. Graewert, *Digitale Mathematik–Lernplattformen in Deutschland*, MINTUS – Beiträge zur mathematisch–naturwissenschaftlichen Bildung, https://doi.org/10.1007/978-3-658-37520-1_3

- *Adaptives Feedback:*
  Inwiefern ist das Feedback während der Aufgabenbearbeitung oder am Ende der Aufgabenbearbeitung adaptiv? Hiermit wird erfasst, inwiefern das Programm eine spezifische Rückmeldung auf Basis der Interaktion der Lernenden mit dem System bereitstellt.
- *Lösungsweg:*
  Wird mindestens ein Lösungsweg zu der Aufgabe bereitgestellt?
- *Klassenmanagement:*
  Inwiefern ermöglicht die Plattform eine integrierte Zuweisung von Aufgaben an Klassen oder an einzelne Lernende? Werden Auswertungen der Aufgabenbearbeitung für die Lehrkraft zur Verfügung gestellt (z. B. Lösungsquoten)?
- *Kosten[1]:*
  Welche Kosten fallen für die Nutzung der Plattform an?

1. *Anton* (www.anton.de)
   - Klassenstufe: 1–10
   - Rückmeldung: Ja
   - Hilfen: Ja
   - Adaptives Feedback: Nein
   - Lösungsweg: Nein
   - Klassenmanagement: Ja
   - Kosten: Kostenlos, ANTON-Plus (Offline-Modus) ab 10 EUR pro Schüler:in/Jahr, Schullizenzen ab 250 EUR/Jahr

   Anton ist eine kostenlose Lernplattform und bietet Mathematik-Aufgaben für die Klassenstufen 1–10 an. Die Menüführung ist simpel gehalten, die Übungen sind nach Fächern, Jahrgängen und Themen sortiert. Für die Bearbeitung der Übungsaufgaben bietet Anton verschiedene Arten des Inputs an, sodass Eingaben beispielsweise über eine integrierte Tastatur vorgenommen oder Elemente per Drag and Drop auf der Benutzeroberfläche verschoben und eingesetzt werden können. Während der Bearbeitung können Lernende bei Bedarf Hilfen, welche über Hilfe-Fenstern zur Verfügung gestellt werden, nutzen. Nach Abgabe der Aufgabe wird die Lösung automatisch ausgewertet. Dabei erhalten die Schüler:innen eine Rückmeldung darüber, ob ihre Lösung richtig oder falsch ist, ein Lösungsweg wird jedoch nicht angezeigt. Adaptives Feedback ist in Anton bisher nicht realisiert. Lehrkräfte können bei Anton Lerngruppen anlegen, ihnen Aufgaben zuteilen, einen Bearbeitungszeitraum

---

[1] Die Kosten hängen von der Art der Lizenz ab und unterliegen Schwankungen zum Beispiel durch temporäre Rabattaktionen. Die angegebenen Preise sind daher als Richtwerte zu sehen.

festlegen und den Lernfortschritt ihrer Schüler:innen verfolgen. Zusätzlich zu einem browserbasierten Angebot ist Anton auch über eine separate App (Apple, Android) zugänglich.

2. **Bettermarks** *(www.bettermarks.de)*
   - Klassenstufe: 4–11
   - Rückmeldung: Ja
   - Hilfen: Ja
   - Adaptives Feedback: Teilweise
   - Lösungsweg: Ja
   - Klassenmanagement: Ja
   - Kosten[2]: ca. 6–10 EUR pro Schüler:in/Monat für eine Einzellizenz, 10–20 EUR pro Schüler:in/Jahr für eine Schul- bzw. Klassenlizenz

Bettermarks bietet eine umfangreiche Aufgabensammlung zu mathematischen Inhalten der Klassenstufen 4–11 an. Die Aufgaben sind dabei in Aufgabenserien gegliedert und thematisch geordnet. Während der Bearbeitung lassen sich in der Regel kurze Hilfestellungen anzeigen oder Zusatzinformationen zum Aufgabeninhalt nachschlagen. Dabei werden den Lernenden kurze Erklärungen, Abbildungen oder Beispiele zu einem Thema zur Verfügung gestellt. Die Aufgaben werden hinsichtlich der Korrektheit automatisch ausgewertet. Lernende haben grundsätzlich zwei Versuche die Aufgabe richtig zu lösen, anschließend wird die korrekte Lösung und der Lösungsweg angezeigt. Teilweise werden bei einem Fehler auch individuelle Rückmeldungen gegeben. Wird etwa bei der Aufgabe $\frac{16}{19} - \frac{15}{19}$ die Antwort $\frac{1}{0}$ vom Lernenden eingetragen, so lautet die Rückmeldung von Bettermarks: „Subtrahiere nicht die Nenner". Ob bei einer Aufgabe adaptive Hilfen dieser Art realisiert sind, ist jedoch leider nicht ersichtlich. Das Klassenmanagementsystem von Bettermarks erlaubt es, Klassen oder einzelnen Lernenden Aufgaben zuzuweisen, einen Zeitraum für die Bearbeitung festzulegen und Einsicht in die Ergebnisse der Lernenden zu bekommen. Anhand von Lösungsquoten versucht Bettermarks zudem individuelle Wissenslücken zu identifizieren und empfiehlt entsprechende Übungen zum Aufarbeiten der Wissenslücken.

3. **BINOGI** *(www.binogi.de)*
   - Klassenstufe: 5–10
   - Rückmeldung: Ja
   - Hilfen: Nein

---

[2] Die Kosten hängen von der Art der Lizenz ab und unterliegen Schwankungen, zum Beispiel durch temporäre Rabattaktionen. Die angegebenen Preise sind daher als Richtwerte zu sehen.

- Adaptives Feedback: Nein
- Lösungsweg: Nein
- Klassenmanagement: Ja
- Kosten: Basis-Einzellizenz: Kostenlos (begrenzte Auswahl an Videos und Quiz, nur Deutsch und Englisch stehen als Sprachen zur Verfügung), Premium-Einzellizenz: 199 EUR pro Schüler:in/Jahr, Schullizenz: 25–35 EUR pro Schüler:in/Jahr
- Premium-Flatrate: 22,90 EUR pro Schüler:in/Monat (kein Elternbereich mit Lernstatistiken), PremiumPlus-Flatrate: 26,90 EUR pro Schüler:in/Monat, Online-Diagnose: 59 EUR pro Klasse und Fach

BINOGI ist eine Lernplattform für verschiedene Fächer, unter anderem auch für das Fach Mathematik. Das Besondere an ihr ist, dass die Lerninhalte durch animierte Videos und Quiz in bis zu 12 verschiedenen Sprachen (Deutsch, Englisch, Arabisch, Somali, Dari, Tigrinya, Spanisch, Französisch, Polnisch, Finnisch, Thailändisch, Schwedisch) angeboten werden. Ergänzend werden die gesprochenen Inhalte unter jedem Video verschriftlicht und neue Begriffe auf Deutsch und auf Englisch erklärt. Hierdurch soll eine Teilnahme am Unterricht auch für Lernende ermöglicht werden, welche erst seit Kurzem die deutsche Sprache lernen. Videos lassen sich beispielsweise in deutscher Sprache ansehen, während Sie mit Untertiteln der Muttersprache ergänzt werden. Pro Video stehen drei Quiz mit steigendem Schwierigkeitsgrad zur Verfügung, die in der Regel als Single- oder Multiple-Choice-Format realisiert sind und häufig typische Schüler:innen-Fehler aufgreifen. So stehen zu der Aufgabe $4 \cdot (-5)$ beispielsweise die Antwortmöglichkeiten -45, -1, -20 und 20 zur Verfügung. Die Lernenden erhalten unmittelbar nach Beantwortung der Fragen ein Feedback, ob die Antwort richtig oder falsch war. Es wird allerdings kein Lösungsweg oder ein auf die Lernenden angepasstes Feedback angeboten. Die Lehrkraft hat die Möglichkeit sich einen Überblick über die Lernaktivitäten und Lernerfolge der Schüler:innen zu verschaffen. BINOGI bietet außerdem Vorlagen für die Erstellung von Arbeitsblättern und Lernaufgaben an. Auf Ebene der Sprachforschung wird Binogi wissenschaftlich begleitet (Le Pichon-Vorstman et al., 2020).

4. *Duden-Learnattack* (https://learnattack.de/)
- Klassenstufe: 4–13
- Rückmeldung: Ja
- Hilfen: Nein
- Adaptives Feedback: Nein
- Lösungsweg: Ja

- Klassenmanagement: Nein
- Kosten: Premium-Flatrate: 22,90 Euro pro Schüler*in/Monat (kein Eltern-bereich mit Lernstatistiken), PremiumPlus-Flatrate: 26,90 Euro pro Schü-ler*in/Monat, Online-Diagnose: 59 Euro pro Klasse und Fach

Duden-Learnattack ist eine Online-Lernplattform für verschiedene Schulfä-cher und bietet auch Übungen für das Fach Mathematik an. Bei Learnat-tack sind die Themen in Lernwegen strukturiert. Die Lernwege enthalten Lernvideos und interaktive Übungen in bis zu drei verschiedenen Schwie-rigkeitsgraden. Der Schwierigkeitsgrad einer Übung kann im Vorhinein von den Lernenden selbstständig gewählt werden. Multiple-Choice-Fragen und Richtig/Falsch-Fragen stellen gängige Aufgabenformate dar. Darüber hin-aus erfordern einige Aufgaben zum Beispiel eine Eingabe per Tastatur oder das Bewegen von Objekten über die Benutzeroberfläche. Den Schü-ler:innen wird nach der Bearbeitung einer Aufgabe der passende Lösungsweg angezeigt. Außerdem gibt es ein Lexikon, in dem die Schüler:innen ihnen unbekannte Begriffe nachschlagen können. Zur Überprüfung des Gelernten stehen nach einer Lerneinheit Probeklassenarbeiten mit einer Musterlösung zur Verfügung. Eine Zuweisung von Lerninhalten an Lernende innerhalb von Learnattack ist jedoch nur in Kombination mit dem kostenpflichtigen Online-Tool „Diagnose und Fördern" von Duden möglich. Auf Basis vorgefertigter Tests erhebt dieses den Lernstand der Schüler:innen, weist ihnen anhand der Testergebnisse automatisiert Erklärvideos und interaktive Übungen zu und veranschaulicht den Lernfortschritt auf Klassen- und Schüler:innen-Ebene für Lehrende auf einem Dashboard.

5. *kapiert.de* (www.kapiert.de)
- Klassenstufe: 5–10
- Rückmeldung: Ja
- Hilfen: Nein
- Adaptives Feedback: Teilweise
- Lösungsweg: Nein
- Klassenmanagement: Ja
- Kosten:
Einzellizenz:
6,95 EUR pro Schüler:in/Monat bei einer Laufzeit von 12 Monaten
Klassen-/Schullizenzen:
5-49 Schüler:innen: 9,90 EUR pro Schüler:in/Jahr
50-99 Schüler:innen: 7,90 EUR pro Schüler:in/Jahr
Ab 100 Schüler:innen: 5,90 EUR pro Schüler:in/Jahr

Kapiert.de ist eine Lernplattform des Schulbuchverlages westermann. Das analoge Schulbuch steht digital zur Verfügung und wird mit interaktiven Einheiten in Form von digitalen Erklärungen, Übungs- und Testaufgaben verknüpft. Per Mausklick können Schüler:innen Einheiten anwählen und sich zwischen den drei Optionen „Verstehen", „Üben" und „Testen" entscheiden. Die Übungen werden danach ausgewertet, ob sie richtig oder falsch beantwortet wurden. Ist die Lösung fehlerhaft, werden in einem zusätzlichen Fenster Hilfen in Form von Tipps angezeigt, welche die Eingaben der Schülerinnen und Schüler zum Teil explizit aufgreifen. Soll beispielsweise für die beiden Brüche $\frac{1}{6}$ und $\frac{1}{4}$ der Hauptnenner angegeben werden und wird als Antwort die Zahl 24 eingetragen, so lautet die Rückmeldung: „24 ist auch ein gemeinsames Vielfaches, aber nicht das kleinste". Anschließend bekommen die Lernenden die einmalige Möglichkeit, ihre Eingabe zu bearbeiten. Dabei bleiben bereits als richtig bewertete Eingaben stehen, falsche werden gelöscht. Nach dem zweiten Versuch können sich die Lernenden die korrekte Lösung anzeigen lassen. Lösungswege werden allerdings nicht dargestellt. Lehrkräfte können bei kapiert.de, Schüler:innen und Klassen anlegen, Lerneinheiten zuweisen und Lernfortschritte einsehen.

6. *Mathegym* (www.mathegym.de)
   * Klassenstufe: 5–12
   * Rückmeldung: Ja
   * Hilfen: Ja
   * Adaptives Feedback: Teilweise
   * Lösungsweg: Ja
   * Klassenmanagement: Ja
   * Kosten:
     Privatlizenzen:
     12 EUR pro Schüler:in/Monat, 54 EUR pro Schüler:in/Jahr
     Schullizenzen:
     Small: 199 EUR/Jahr bis 50 Nutzer:innen
     Medium: 299 EUR/Jahr bis 150 Nutzer:innen
     Medium Plus: 499 EUR/Jahr bis 300 Nutzer:innen
     Large: 699 EUR/Jahr bis 500 Nutzer:innen
     X-Large: 899 EUR/Jahr unbegrenzte Nutzer:innenanzahl

Mathegym ist eine Lernplattform für den Mathematikunterricht für die Klassen 5 bis 12. Neben Aufgaben werden auch Erklärungen in Form von Videos und Texten angeboten, die Videos sind dabei meist Tafelvorträge.

Im Menü können Inhalte entweder nach Lehrplan oder nach Schulbuch ausgewählt werden. Die Aufgaben werden auf verschiedenen Levels mit steigendem Schwierigkeitsgrad bereitgestellt. Während der Aufgabenbearbeitung können Lernende Hilfen in Form von Erklärungen oder Beispielen aufrufen. Zusätzlich besteht die Möglichkeit Zwischenschritte zu aktivieren, um die Aufgabe kleinschrittiger zu lösen. Teilweise können Fenster für Nebenrechnungen und Notizen ergänzend genutzt werden. Ist die eingereichte Bearbeitung fehlerhaft, so erhalten die Lernenden Feedback, welches zum Teil auf die eingereichte Lösung angepasst ist. Wird etwa bei der Aufgabe, die Zahl 158 auf Zehner zu runden die Zahl 170 eingegeben, so lautet die Rückmeldung: „170 weicht um mindestens 10 und weniger als 100 vom richtigen Ergebnis ab". Nach der Bearbeitung einer Aufgabe wird die richtige Lösung und der Lösungsweg angezeigt. Für Lehrkräfte bietet das Programm die Möglichkeit, Aufgaben an Klassen oder einzelne Lernende zuzuweisen und sich nach Bearbeitung eine Übersicht über die Lösungsquoten anzeigen zu lassen. Mathegym lässt sich in Learn-Management-Systeme, wie zum Beispiel Moodle oder Mebis, einbinden.

7. *Scoyo* (www.scoyo.de)
- Klassenstufe: 1–7
- Rückmeldung: Ja
- Hilfen: Nein
- Adaptives Feedback: Nein
- Lösungsweg: Teilweise
- Klassenmanagement: Ja
- Kosten: 1-Monats-Abo: 14,99 EUR/Monat, 6-Monats-Abo: 12,99 EUR/Monat, 12-Monats-Abo: 9,99 EUR/Monat
  Klassen- und Schullizenzen: individuelle Preisangebote

Scoyo ist eine Plattform für spielebasiertes Lernen und wurde 2007 in Zusammenarbeit mit dem Cornelsen Schulbuchverlag, Lehrer:innen und Spiele-Expert:innen entwickelt. Zudem waren die Universität Hamburg, die Universität Lüneburg und die Universität Duisburg-Essen an der Entwicklung beteiligt. Für eine spielerische Wissensvermittlung werden die Lerninhalte in einer storybasierten Rahmenhandlung präsentiert. Es gibt zum einen die Planetenwelt mit interaktiven Übungen für die Klassen 1 bis 4 und zum anderen

unterschiedliche Abenteuerwelten für die Klassen 5 bis 7. Dort sind die Lerninhalte durch interaktive Lernvideos, die eine Lerngeschichte darstellen, und
Übungen aufbereitet. Im Grundschulbereich stellt die Lernplattform adaptive
Lerninhalte zur Verfügung. Dabei wird anhand von Einstiegsfragen der per-
sönliche Lernstand der Schüler:innen ermittelt und der Schwierigkeitsgrad
der weiteren Übungen an das individuelle Lernniveau angepasst.

Nach der Bearbeitung einer Aufgabe wird den Lernenden eine richtige
Lösung angezeigt und sie bekommen eine Rückmeldung darüber, ob ihre
Bearbeitung richtig oder falsch gewesen ist. Darüber hinaus wird eine kurze
Erklärung angeboten, die unabhängig von der Eingabe ist: Bei der Frage
nach einem gemeinsamen Nenner in der   Aufgabe $\frac{3}{5} - \frac{1}{3} =?$ wird zum
Beispiel sowohl bei einer richtigen als auch bei einer falschen Eingabe
der Hinweis „Es ist sinnvoll, immer den kleinsten gemeinsamen Nenner zu
wählen" angezeigt.

Als Motivationshilfe erhalten die Schüler:innen nach der Bearbeitung von
Aufgaben Punkte. Mit steigender Anzahl an Lernpunkten erreichen sie dann
neue Level, wodurch sie mehr Möglichkeiten bekommen, ihren Avatar zu
verändern. Die Lehrkraft kann eine Übersicht über die Lernaktivitäten und
Lernerfolgsanalysen einsehen und auch Eltern können in einem separaten
Elternbereich auf die Ergebnisse ihrer Kinder zugreifen.

8. *Serlo (*www.serlo.org*)*
  • Klassenstufe: 5–13
  • Rückmeldung: Teilweise
  • Hilfen: Ja
  • Adaptives Feedback: Nein
  • Lösungsweg: Ja
  • Klassenmanagement: Nein
  • Kosten: Kostenlos

Serlo ist eine kostenlose Lernplattform für Schüler:innen welche keine
Anmeldung erfordert. Die gesamte Plattform wird von ehrenamtlichen
Autor:innen betrieben, eingereichte Beiträge werden vor dem Upload von
erfahrenen Communitymitgliedern geprüft. Serlo bietet Erklärungen, interaktive Applets, Kurse, Lernvideos, Übungen und Musterlösungen an, mit denen
Lernende nach ihrem eigenen Bedarf und in ihrem eigenen Tempo lernen
können. Nicht alle angebotenen Inhalte sind interaktiv bearbeitbar. Daher
werden Aufgabenbearbeitungen nur dann automatisch bezüglich ihrer Korrektheit ausgewertet, wenn entsprechende Eingabemöglichkeiten vorhanden
sind.

Ein Klassenmanagement, welches eine Zuweisung von Aufgaben an einzelne Lernende oder Klassen ermöglicht, ist nicht implementiert. Ähnlich wie auf der Wikipedia sind alle Angebote von Serlo kostenlos, werbefrei und können von allen mitgestaltet werden. Insbesondere stehen die Inhalte unter einer CC-BY-SA 4.0 Lizenz und sind somit Open Educational Resources (OER).

9. *simpleclub* (www.simpleclub.com)
   - Klassenstufe: 1–13
   - Rückmeldung: Ja
   - Hilfen: Nein
   - Adaptives Feedback: Nein
   - Lösungsweg: Ja
   - Klassenmanagement: Nein
   - Kosten: 7,49 EUR pro Schüler:in/Monat

Zunächst stellten die beiden Gründer von simpleclub animierte Lernvideos zu verschiedenen Themen der Mathematik auf der Videoplattform YouTube zur Verfügung. Nach der sukzessiven Ergänzung um weitere Fächer entwickelte sich aus den YouTube-Kanälen im Jahr 2019 eine App mit eigener Plattform. Die Lernplattform simpleclub setzt dabei den Fokus nach wie vor auf kurze Erklärvideos und ergänzt das Angebot um Übungsaufgaben und Originalprüfungen. Die Aufgaben sind an die Videos geknüpft und in der Regel als Single-Choice-Fragen formuliert. Eine automatische Auswertung gibt Rückmeldung darüber, ob die ausgewählte Antwort richtig oder falsch ist. Zudem wird ein Lösungsweg mit allgemeinen und aufgabenbezogenen Erklärungen dargestellt. Die Möglichkeit des Klassenmanagements besteht nicht.

10. *Sofatutor* (www.sofatutor.de)
    - Klassenstufe: 1–13
    - Rückmeldung: Ja
    - Hilfen: Ja
    - Adaptives Feedback: Nein
    - Lösungsweg: Ja
    - Klassenmanagement: Nein
    - Kosten:
      Basis: 19,95 EUR pro Schüler*in/Monat, Premium: 25,95 EUR pro Schüler*in/Monat
      Klassen- und Schullizenzen: individuelle Preisangebote

Sofatutor ist eine Lernplattform für verschiedene Fächer. Sie bietet Inhalte für alle Klassen an und setzt den Fokus auf aufwendig animierte Videos.

Zu jedem Video werden fünf Aufgaben zur Verfügung gestellt, welche sich thematisch und inhaltlich auf das vorgeschaltete Erklärvideo beziehen. Für jede Aufgabe werden den Schüler:innen bis zu drei Tipps in Hilfefenstern angeboten. Nach maximal drei Fehlversuchen besteht die Möglichkeit sich die richtige Lösung und den Lösungsweg anzeigen zu lassen. Im Anschluss an die Bearbeitung der ersten vier Aufgaben schaltet sich eine Bonusaufgabe frei, deren Schwierigkeitsgrad an den Wissensstand der Lernenden angepasst ist.

Ein Klassenmanagement-System für Lehrkräfte steht nicht zur Verfügung, stattdessen müssen Videos durch das Zusenden von Links an Lernende verteilt werden. Die Lernaktivitäten können dabei von der Lehrkraft nicht verfolgt werden. Bei dem Erwerb von Klassen- oder Schullizenzen können Materialien der Lernplattform in externe Learning-Management-Systeme eingebunden werden.

11. *quop* (www.quop.de)
    Abschließend sei noch die Plattform quop erwähnt. Quop wurde in Kooperation mit dem Institut für Psychologie in Bildung und Erziehung der Westfälischen Wilhelms-Universität Münster entwickelt und bietet eine Lernverlaufsdiagnostik für die Fächer Mathematik, Deutsch und Englisch für die Klassen 1–6 an. Bei quop führen die Lernenden alle zwei bis drei Wochen einen kurzen Test am Computer durch, welcher automatisiert ausgewertet wird. Durch das wiederholte, parallelisierte Testen lässt sich dann eine Lernverlaufskurve erstellen. Die Kosten betragen ca. 13 € pro Schüler:in pro Jahr[3].

---

[3] Laut quop.de hat das Hessische Kultusministerium einen Vertrag mit quop abgeschlossen, sodass für hessische Schulen, die von dem Vertrag abgedeckt sind, keine Kosten anfallen.

Tab. 3.1 Übersicht über die ausgewählten Mathematik-Lernplattformen

	Klassenstufe	Rückmeldung	Hilfen	Adaptives Feedback	Lösungsweg	Klassenmanagement	Kosten	Fokus
Anton	1–10	Ja	Ja	Nein	Nein	Ja	Kostenlos	Aufgaben
Bettermarks	4–11	Ja	Ja	Teilweise	Ja	Ja	Kostenpflichtig	Aufgaben
BINOGI	5–10	Ja	Nein	Nein	Nein	Ja	Kostenpflichtig	Videos + Aufgaben
Duden–Learnattack	4–13	Ja	Nein	Nein	Ja	Nein	Kostenpflichtig	Videos + Aufgaben
Kapiert.de	5–10	Ja	Nein	Teilweise	Nein	Ja	Kostenpflichtig	Lehrwerksanbindung
Mathegym	5–12	Ja	Ja	Teilweise	Ja	Ja	Kostenpflichtig	Videos + Aufgaben
Scoyo	1–7	Ja	Nein	Nein	Teilweise	Ja	Kostenpflichtig	Spielerisches Lernen
Serlo	5–13	Teilweise	Ja	Nein	Ja	Nein	Kostenlos	Bereitstellung freier Lerninhalte
Simple-club	1–13	Ja	Nein	Nein	Ja	Nein	Kostenpflichtig	Videos + Aufgaben
Sofatutor	1–13	Ja	Ja	Nein	Ja	Nein	Kostenpflichtig	Videos + Aufgaben

Ein Blick über den Tellerrand

4

SMART (specific mathematics assessment that reveals thinking, www.sma rtvic.com, Australien)

Die SMART-Plattform wurde in einer mehr als 12-jährigen Entwicklungsarbeit und unter Analyse von mehr als 500.000 Daten von Schülerinnen und Schülern an der Universität von Melbourne entwickelt. Für die Inhaltsbereiche der Klassen 5–9 stehen über 130 verstehensorientierte Tests zur Verfügung. Jeder Test lässt sich in maximal 15 min bearbeiten und wird digital ausgewertet. Hierbei werden insbesondere auch Antwortmuster der Lernenden über verschiedene Diagnoseitems hinweg in die Analyse mit einbezogen. Die Lehrkraft erhält im Anschluss eine automatisierte Auswertung zu jedem Lernenden. Diese Auswertung gibt einen differenzierten Überblick über Fehlvorstellungen, die individuelle Verstehensstufe, Lücken im Vorwissen sowie häufige Fehler der Lernenden. Erste Informationen zu zielführenden Förderansätzen werden mit den Diagnosen mitgeliefert. Der SMART-Test zielt einerseits darauf ab, die Leistungen der Lernenden zu steigern und andererseits durch die elaborierten verstehensorientierten Rückmeldungen eine Professionalisierung der Lehrkräfte anzustoßen:

> „We expected that […] [pedagogical content knowledge] would improve as teachers become familiar with the developmental stages and possible misconceptions in a particular topic, especially as they see how these apply to their own students" (Stacey et al., 2018, S. 244).

Inwiefern dies tatsächlich geschieht, ist bisher jedoch nur auf Ebene der Selbsteinschätzung der Lehrkräfte untersucht worden. Gegenwärtig laufen Vorbereitungen, SMART kostenfrei für den deutschsprachigen Raum zur Verfügung zu stellen (Klingbeil et al., 2022a,b).

© Der/die Autor(en), exklusiv lizenziert an Springer Fachmedien Wiesbaden GmbH, ein Teil von Springer Nature 2022
D. Thurm und L. A. Graewert, *Digitale Mathematik–Lernplattformen in Deutschland*, MINTUS – Beiträge zur mathematisch–naturwissenschaftlichen Bildung, https://doi.org/10.1007/978-3-658-37520-1_4

"A, B, C, and D form the quadrilateral ABCD. They are all dynamic and can be dragged. If possible, create 3 examples that are as different as possible from each other, in which the perpendicular bisectors to the sides of ABCD meet in a single point. In the dialogue box formulate a conjecture as general as possible of the conditions in which this happens."
Figure 1 shows a screenshot of the task applet

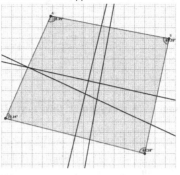

Abb. 4.1   Beispiel einer Example-Eliciting-Task aus der STEP-Plattform

STEP (Seeing the entire picture, www.stepfa.com, Israel)
Die STEP-Plattform wird von der Universität Haifa (Israel) entwickelt und zielt auf die Realisierung von sogenannten „Example-Eliciting-Tasks" (EET) ab (Yerushalmy, 2019; Yerushalmy & Olsher, 2020; Yerushalmy et al., 2017). Diagnosen werden hier anhand von Beispielen vorgenommen, die von Lernenden unter anderem mithilfe Hilfe dynamischer Geometriesoftware oder Funktionenplottern erstellt wurden. Abb. 4.1 zeigt ein Beispiel einer Diagnoseaufgabe der STEP-Plattform (Harel et al., 2019).

Die Plattform analysiert die generierten Beispiele im Hinblick auf vorher festgelegte Charakteristika, welche zum Beispiel bestimmte Fehlvorstellungen widerspiegeln. Die Plattform bietet Lehrkräften die Möglichkeit, eigene EETs zu erstellen und dabei insbesondere auch GeoGebra-Applets einzubinden:

"With STEP, mathematical questions are posed to students using dedicated GeoGebra-based applets. Students solve the problem and submit their answers, for example, as a finite solution to a question, as a set of examples supporting or refuting a mathematical claim, or as examples of a mathematical idea. STEP collects the submitted answers and characterizes them based on their mathematical properties and on their correctness. The system then uses this elaborated data to report back

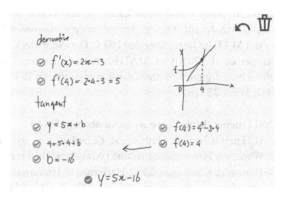

The function $f(x) = x^2 - 3x$ is given.
Find the equation of the tangent through point
P on the graph of f.
The x-coordinate of P is 4.

Abb. 4.2 Handschriftliche Bearbeitung eines Lernenden auf der Plattform Numworx

to students (for further learning) and to the teacher (for further instruction)" (Abdu et al., 2019, S. 148).

Numworx (www.numworx.nl, Niederlande)
Die Numworx-Plattform ist eine Mathematik-Lernplattform, welche in Kooperation mit der Universität Utrecht entwickelt und beforscht wird (z. B. Bokhove & Drijvers, 2012; Heeren et al., 2018). Die Plattform bietet interaktive Aufgaben unter Einbezug digitaler Mathematikwerkzeuge und interaktiver „Widgets" an. Lehrkräften wird zudem ein Lernmanagementsystem mit Reportingfunktionen bereitgestellt. Hervorzuheben ist der hohe Freiheitsgrad, welcher Lehrkräften bezüglich der Erstellung eigener Lernmaterialien zur Verfügung steht (z. B. mithilfe eines elaborierten WYSIWYG-Editors). Ebenso ermöglicht Numworx handschriftliche Eingaben von Lernenden, welche in Echtzeit vom System ausgewertet werden. Abb. 4.2 zeigt die Lösung eines Lernenden zur Aufgabe, die Tangente durch den Punkt P mit der x-Koordinate 4 an die Funktion $f(x) = x^2 - 3x$ zu bestimmen. Der Lernende erhält in Form von gelben und grünen Häkchen unmittelbar Rückmeldungen zu den einzelnen Bearbeitungsschritten.

MATHia (www.carnegielearning.com, USA)
MATHia ist eine digitale Mathematik-Lernplattform, welche ihre Ursprünge in Forschungs- und Entwicklungsarbeiten der Carnegie Mellon Universität (Pittsburgh, Pennsylvania) hat (Corbet et al., 2001). MATHia ist dabei die webbasierte Implementation des „Cognitive Tutors" (Ritter & Fancsali, 2018). Aufgrund der langen Historie, der Fundierung in lernpsychologischen Modellen, der engen

Kooperation mit Wissenschaftler:innen, der weiten Verbreitung (vor allem in den USA) sowie der für Wissenschaftler:innen verfügbaren Log-Daten zu Lernprozessen mit MATHia (etwa über den PSLC DataShop der Carnegie Mellon Universität, Stamper et al., 2010) ist MATHia bzw. Cognitive Tutor eines der am meisten beforschten digitalen Mathematik-Lernsysteme (z. B. Pane et al., 2014; Ritter et al., 2007; WWC, 2016).

ASSITments (https://new.assistments.org, USA)

ASSISTments ist eine Mathematik-Lernplattform, welche seit mehr als 20 Jahren am Worcester Polytechnic Institute (Worcester, USA) entwickelt und beforscht wird (Heffernan & Koedinger, 2000; Heffernan & Heffernan, 2014; Muphy et al., 2020). Die Plattform bietet computerbasiertes Feedback und tutorielle Unterstützung bei der Bearbeitung der Aufgaben. Der Schwerpunkt der ASSISTments-Plattform liegt jedoch auf der Erlaubnis einer möglichst großen Adaptivität der Inhalte für die Lehrkräfte:

> „The ASSISTments "sweet spot" is simple. Teachers can write their own questions and their students get feedback. We can call this a simple quizzing system. We have also added features that teachers can use separate from other features, depending upon their interest. If they want to assign skill builders they can. If they want to use ARRS they can. If they want to use EdRank they can turn that on. The teacher is in charge, not the computer" (Heffernan & Heffernan, 2014, S. 492).

Analysen der Aufgabenqualität

5

In den vorherigen Kapiteln wurden verschiedene Mathematik-Lernplattformen in Hinblick auf bestimmte Merkmale der Oberflächenstruktur (vgl. Abb. 2.1) vorgestellt. In diesem Kapitel wird mit der Aufgabenqualität eine wichtige Facette der Tiefenstruktur von Mathematik-Lernplattformen fokussiert.

Zur Bedeutung von Aufgaben für digitale Mathematik-Lernplattformen

Aufgaben nehmen bei mathematischen Lernprozessen eine besondere Rolle ein (Leuders, 2015). Sie gelten als „Katalysator[en] von Lernprozessen" (Thonhauser, 2008, S. 25) sowie als „Kristallisationspunkte des selbsttätigen Lernens" (Neubrand, 2002, S. 2). Die Art der Aufgaben, mit denen Lernende sich auseinandersetzen, bestimmt dabei einerseits fachliche Lernprozesse, andererseits aber auch das Mathematikbild, welches die Lernenden entwickeln:

> „The mathematical tasks with which students become engaged determine not only what substance they learn but also how they come to think about, develop, use, and make sense of mathematics" (Stein et al., 1996, S. 459).

Von besonderer Bedeutung ist dabei, welchen kognitiven Anspruch eine Aufgabe aufweist:

> „Indeed, an important distinction […] is the differences between tasks that engage students at a surface level and tasks that engage students at a deeper level by demanding interpretation, flexibility, the shepherding of resources, and the construction of meaning" (Stein et al., 1996, S. 459).

D. Thurm und L. A. Graewert, *Digitale Mathematik–Lernplattformen in Deutschland*, MINTUS – Beiträge zur mathematisch–naturwissenschaftlichen Bildung, https://doi.org/10.1007/978-3-658-37520-1_5

Klar ist daher, dass die Aufgaben, die auf Mathematik-Lernplattformen angeboten werden, darüber entscheiden, welche Lern-, Diagnose- und Förderprozesse in den Blick genommen und angeregt werden können. Erstaunlich ist, dass systematische, fachdidaktische Aufgabenanalysen bezüglich der auf Mathematik-Lernplattformen dargebotenen Aufgaben, zumindest für den deutschsprachigen Raum, bisher weitestgehend fehlen. So zielen bisherige Untersuchungen (z. B. Holmes et al., 2018; Stein, 2012, 2013) meist stark auf die Oberflächenstruktur der Plattformen ab und nehmen nur selten fachdidaktische Kriterien auf Ebene der Tiefenstruktur in den Blick. Es soll daher an dieser Stelle ein erster Versuch unternommen werden, sich der fachdidaktischen Qualität auf einigen ausgewählten deutschsprachigen Mathematik-Lernplattformen zu nähern. Aufgrund der großen Vielzahl an Plattformen und der großen Menge an Aufgaben auf jeder einzelnen Plattform (allein Bettermarks wirbt mit „über 2000 Übungen mit über 100.000 Aufgaben") ist es in diesem Rahmen nicht möglich, Aufgaben aus allen Plattformen und aus allen mathematischen Inhaltsbereichen zu analysieren. Stattdessen werden im Folgenden exemplarisch die Themen „Multiplikation von Brüchen" und „Satz des Pythagoras" in den Blick genommen.

Kategorisierungssystem

Um eine reliable und valide Kategorisierung von Aufgaben durchzuführen, werden in der mathematikdidaktischen Forschung in der Regel Kategoriensysteme verwendet, welche aus einem expliziten System von Merkmalskategorien bestehen (Jordan et al., 2006, 2008; Leuders, 2015). Ein in der mathematikdidaktischen Forschung etabliertes Klassifikationsschema, welches den kognitiven Anspruch von Mathematikaufgaben fokussiert, wurde im Rahmen der COACTIV-Studie entwickelt. Das COACTIV-Schema wurde in vielfältigen Studien erprobt und die einzelnen Analysekategorien und ihre jeweiligen Ausprägungen sind in ihrer theoretischen Verankerung beschrieben und anhand von Beispielen operationalisiert (Jordan et al., 2006). Für den vorliegenden Report wurden ausgewählte Kategorien des COACTIV-Schemas zur Aufgabenklassifikation genutzt und zudem zwei weitere Kategorien ergänzt. Tab. 5.1 gibt einen Überblick über das für diesen Report verwendete Kategoriensystem. Die Kategorien C1-C8 entstammen dabei dem COACTIV-Schema, die Kategorien V1 und V2 wurden neu konzipiert. Die Kategorien C1-C6 fokussieren verschiedene kognitive Facetten der Aufgaben. So erfasst beispielsweise die Kategorie C1, inwiefern Aufgaben eher begriffliches, prozedurales oder technisches Wissen erfordern, während Kategorie

C2 erfasst, inwiefern bei einer Aufgabe außermathematische Modellierungs-
kompetenzen angesprochen werden. Kategorie C3 erfasst innermathematische
Modellierungsprozesse, wobei der Begriff „innermathematisches Modellieren"
Übersetzungsprozesse innerhalb der Mathematik beschreibt und dem mathematischen Problemlösen zugeordnet werden kann. Die Kategorien V1 und V2
beziehen sich auf die bei den Aufgaben integrierten Visualisierungen. Die Kategorie V1 („Art der gegebenen Visualisierung") erfasst, inwiefern bei einer Aufgabe
gegebene Visualisierungen statisch, dynamisch oder multipel-vernetzt sind. Die
Kategorie V2 („Qualität der Visualisierungen") erfasst, inwiefern die gegebenen Visualisierungen rein illustrierend, verständnisfördernd oder evtl. sogar
ungeeignet sind (z. B. weil diese den Aufbau von Fehlvorstellungen fördern).

Untersuchte Plattformen

Da es im Rahmen dieses Reports nicht möglich war, alle in Kap. 3 vorgestellten
Plattformen zu untersuchen, wurde eine Eingrenzung auf diejenigen Plattformen vorgenommen, welche eine Schwerpunktsetzung auf die Bereitstellung von
vielfältigen Aufgaben haben. So bieten die Plattformen Anton, Bettermarks und
Mathegym jeweils eine Vielzahl an Übungsaufgaben zu unterschiedlichen Themen und ein Klassenmanagement zum Monitoring der Leistung der Lernenden
an (vgl. Tab. 3.1). Diese drei Plattformen sind somit von der Grundstruktur und
den Grundansätzen durchaus vergleichbar.

Auswahl der Aufgaben

Ziel der Aufgabenanalyse war es, Aufgaben aus zwei verschiedenen Inhaltsbereichen zu analysieren. Hierbei wurde sich für die Geometrie und die Arithmetik
entschieden. Aus dem Inhaltsbereich Geometrie wurde das Thema „Satz des
Phythagoras" ausgewählt, aus dem Inhaltsbereich Arithmetik das Thema „Multiplikation von Brüchen" der. Beide Themen sind zentrale Elemente in allen
Lehrplänen der Sekundarstufe I. Bei der Auswahl der Aufgaben in diesen
Inhaltsbereichen wurden Aufgaben, die sich nur durch sehr geringe Variationen,
beispielsweise durch eine leichte Veränderung der Zahlenwerte, unterschieden,
jeweils nur einmal in die Analyse einbezogen. Insgesamt wurden 43 Aufgaben zur
Multiplikation von Brüchen und 63 Aufgaben zum Satz des Pythagoras analysiert.

Tab. 5.1 Übersicht über die Kategorien des Aufgaben- Klassifikationsschemas

Dimension	Kategorie	Ausprägung
Kognitive Facetten	C1) Typ mathematischen Arbeitens	1- Faktenwissen 2- Fertigkeiten 3- Rechnerische Aufgabe 4- begriffliche Aufgabe
	C2) Außermathematisches Modellieren	0- Nicht benötigt 1- Standardmodellierungen 2- Mehrschrittige Modellierungen 3- Modellreflexion, -validierung oder -eigenentwicklung
	C3) Innermathematisches Modellieren (Problemlösen)	0- Nicht benötigt 1- Standardmodellierungen, 2- Mehrschrittige Modellierungen, 3- Modellreflexion, -validierung oder -eigenentwicklung
	C4) Mathematisches Argumentieren	0- Nicht benötigt, 1- Standardbegründungen 2- Mehrschrittige Argumentation 3- Entwicklung komplexer Argumentationen oder Beurteilen von Argumenten
	C5) Gebrauch mathematischer Darstellungen	0- Nicht benötigt 1- Standarddarstellungen 2- Wechsel zwischen Darstellungen 3- Beurteilen von Darstellungen
	C6) Umgehen mit mathematikhaltigen Texten	0- Nicht bzw. kaum benötigt 1- Unmittelbares Textverstehen 2- Textverstehen mit Umorganisation 3- Verstehen logisch komplexer Texte
Visualisierungen	V1) Art der Visualisierung	0- Keine/rein illustrierend S- Statisch D- Dynamisch
	V2) Qualität der Visualisierung	K- Keine U- Ungeeignet I- Rein illustrierend V- Passend/hilfreich

Durchführung des Ratings

Die 106 Aufgaben wurden von insgesamt 20 Rater:innen mit fachdidaktischer Expertise bewertet, wobei jede:r Rater:in im Schnitt 5–6 Aufgaben bewertete. Die Rater:innen erfüllten dabei mindestens eines der folgenden Kriterien: abgeschlossene oder laufende Promotion in der Mathematikdidaktik, Dozent:in der Mathematikdidaktik, Mathematiklehrkraft mit Fortbildungserfahrung. Für das Rating der Aufgaben wurde den Rater:innen das Kodiermanual des COACTIV-Frameworks zur Verfügung gestellt. Dieses umfasst neben Operationalisierungen der Kategorien auch illustrierende Beispiele. Ebenso erhielten die Rater:innen Operationalisierungen zu den beiden Kategorien V1 (Art der Visualisierung) und V2 (Qualität der Visualisierung).

Ergebnisse

Im Folgenden werden die Ergebnisse der Analysen der 106 Aufgaben aus den Plattformen Anton, Bettermarks und Mathegym vorgestellt. Dabei werden für jede der untersuchten Kategorien (vgl. Tab. 5.1) zunächst die relativen Häufigkeiten der unterschiedlichen Ausprägungsstufen kumuliert über alle untersuchten Lernplattformen und Themen dargestellt. Anschließend erfolgt auch eine Darstellung differenziert nach den beiden untersuchten Themen „Brüche multiplizieren" und „Satz des Pythagoras".

Kategorie C1) – Typ mathematischen Arbeitens
Abb. 5.1 zeigt die prozentuale Verteilung der verschiedenen Typen mathematischen Arbeitens (Kategorie C1), welche bei den Aufgaben eingefordert werden. Knapp die Hälfte der Aufgaben fokussiert auf Fertigkeiten während 20 % der Aufgaben auf Faktenwissen abzielen. Rechnerische Aufgaben finden sich zu 22,86 %, während lediglich knapp 6 % begriffliche Aufgaben darstellen. Abb. 5.2 zeigt deutlich, dass es bei der Verteilung deutliche Unterschiede zwischen den beiden Themen gibt. So liegt vor allem bei Aufgaben zum Thema „Brüche multiplizieren" der Fokus auf dem Training von Fertigkeiten, während begriffliche Aufgaben überhaupt nicht realisiert sind. Abb. 5.3 zeigt zudem, dass es durchaus Unterschiede zwischen den drei untersuchten Plattformen Anton, Bettermarks und Mathegym gibt. Während insbesondere Anton auf Fertigkeiten und Faktenwissen fokussiert, realisiert Bettermarks als einzige Plattform zu knapp 10 % begriffliche Aufgaben.

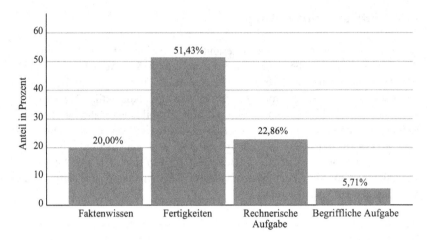

Abb. 5.1 Kategorie C1) – Typ mathematischen Arbeitens. Anteile an der Gesamtaufgabenzahl

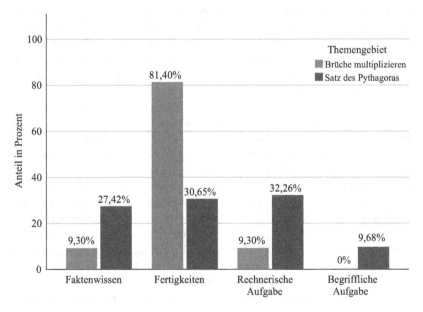

Abb. 5.2 Kategorie C1) – Typ mathematischen Arbeitens. Anteile an den Aufgaben je Themengebiet

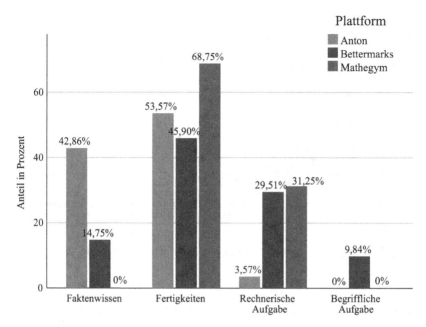

Abb. 5.3 Kategorie C1) – Typ mathematischen Arbeitens. Anteil der Aufgaben je Anbieter

Kategorie C2) – Außermathematisches Modellieren

Abb. 5.4 zeigt, dass außermathematisches Modellieren in knapp 80 % der Aufgaben nicht adressiert wird. Wenn außermathematische Modellierungsprozesse eingefordert werden, handelt es sich im Wesentlichen um Standardmodellierungen (15,24 %) und lediglich in 2,86 % der Fälle um komplexere, mehrschrittige Modellierungsaufgaben. Eine Reflexion, Validierung oder Eigenentwicklung von Modellierungen wird in keiner der Aufgaben eingefordert. Abb. 5.5 zeigt, dass es dabei keine wesentlichen Unterschiede zwischen den beiden untersuchten Themenbereichen gibt.

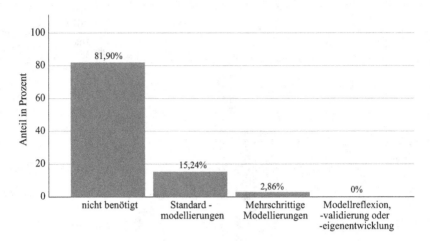

Abb. 5.4 Kategorie C2) – Außermathematisches Modellieren. Anteile an der Gesamtaufgabenzahl

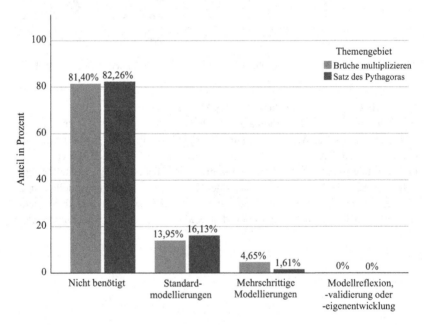

Abb. 5.5 Kategorie C2) – Außermathematisches Modellieren. Anteile an den Aufgaben je Themengebiet

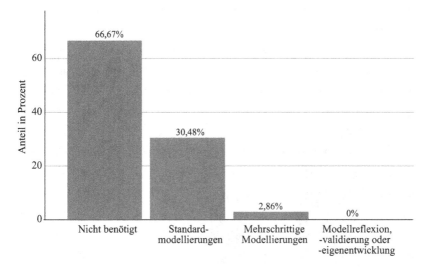

Abb. 5.6 Kategorie C3) – Innermathematisches Modellieren (Problemlösen). Anteile an der Gesamtaufgabenzahl

Kategorie C3) – Innermathematisches Modellieren (Problemlösen)

Abb. 5.6 zeigt, dass auch innermathematische Modellierungsaufgaben vergleichsweise wenig, nämlich nur in knapp 35 % der Fälle, realisiert werden. Dabei lässt sich der Großteil der innermathematischen Modellierungsaufgaben durch Standardmodellierungen lösen, nur 2,86 % der 106 untersuchten Aufgaben erfordern mehrschrittige Modellierungen. Auch hier ist bei keiner der Aufgaben eine Modellreflexion, -validierung oder -eigenentwicklung notwendig. Abb. 5.7 zeigt, dass es durchaus Unterschiede zwischen den zwei Themen gibt. So werden für den Satz des Pythagoras deutlich häufiger innermathematische Modellierungsprozesse eingefordert.

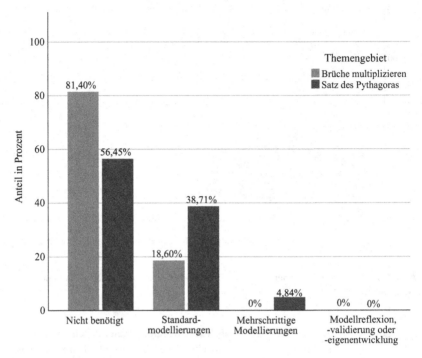

Abb. 5.7 Kategorie C3) – Innermathematisches Modellieren (Problemlösen). Anteile der Aufgaben je Themengebiet

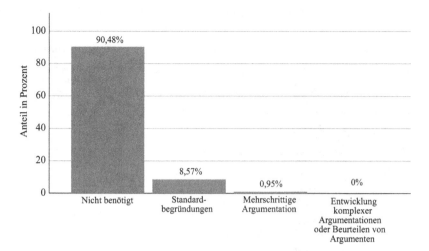

Abb. 5.8 Kategorie C4) Mathematisches Argumentieren. Anteile an der Gesamtaufgabenzahl

Kategorie C4) – Mathematisches Argumentieren

Abb. 5.8 zeigt, dass in 90,48 % aller betrachteten Aufgaben kein mathematisches Argumentieren gefordert wird. In 8,57 % aller Aufgaben werden Standardbegründungen benötigt und in nur 0,95 % werden mehrschrittige Argumentationen eingefordert. Für keine der Aufgaben ist eine Entwicklung komplexer Argumentationen oder das Beurteilen von Argumentationen notwendig. Abb. 5.9 verdeutlicht, dass das Fehlen von Aufgaben, welche das Argumentieren in den Blick nehmen, beim Thema Brüche besonders ausgeprägt ist.

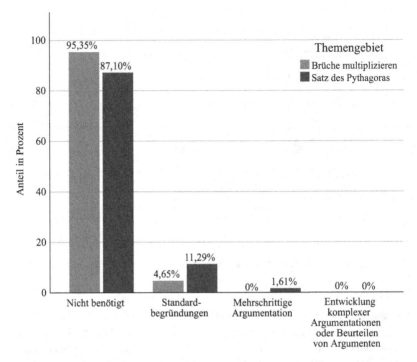

Abb. 5.9 Kategorie C4) Mathematisches Argumentieren. Anteile der Aufgaben je Themengebiet

Kategorie C5) – Gebrauch mathematischer Darstellungen

Abb. 5.10 zeigt, dass der Gebrauch mathematischer Darstellungen in knapp 60 % der Fälle eingefordert wird. Allerdings muss in nur 12,38 % aller betrachteten Aufgaben ein Wechsel zwischen mathematischen Darstellungen vollzogen werden und in lediglich 0,95 % aller Aufgaben ist die Beurteilung von mathematischen Darstellungen gefordert. Abb. 5.11 zeigt zudem, dass deutliche Unterschiede zwischen den Inhaltsbereichen bestehen. Während im Themenbereich „Brüche multiplizieren" der Gebrauch mathematischer Darstellungen gering ausfällt, wird dieser im Themengebiet „Satz des Pythagoras" deutlich häufiger eingefordert. So wird etwa der Wechsel zwischen mathematischen Darstellungen in 2,33 % der Aufgaben zum Multiplizieren von Brüchen und in 19,35 % der Aufgaben zum Satz des Pythagoras eingefordert. Das Beurteilen von mathematischen Darstellungen wird jedoch bei beiden Themen so gut wie gar nicht adressiert.

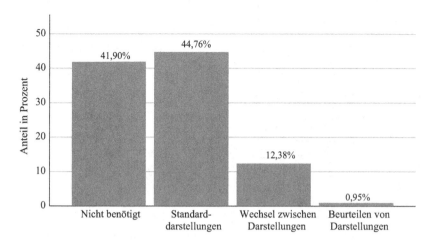

Abb. 5.10 Kategorie C5) – Gebrauch mathematischer Darstellungen. Anteile an der Gesamtaufgabenzahl

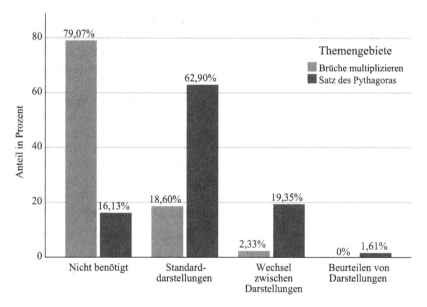

Abb. 5.11 Kategorie C5) – Gebrauch mathematischer Darstellungen. Anteile der Aufgaben je Themengebiet

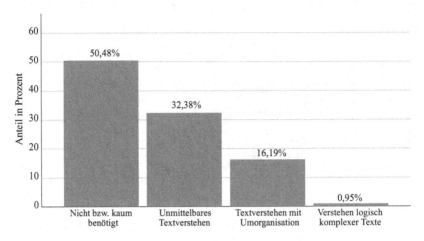

Abb. 5.12 Kategorie C6) – Umgehen mit mathematikhaltigen Texten. Anteile an der Gesamtaufgabenzahl

Kategorie C6) – Umgehen mit mathematikhaltigen Texten

Abb. 5.12 zeigt, dass die Aufgaben meist kaum elaboriertes Textverstehen erfordern. So wird in 50,48 % aller betrachteten Aufgaben ein Umgang mit mathematikhaltigen Texten nicht bzw. nur kaum benötigt, in 32,38 % der Aufgaben ist das Textverstehen auf niedrigem Niveau erforderlich. Lediglich in 16,19 % ist ein Textverstehen mit Umorganisation notwendig und nur in 0,95 % aller Aufgaben müssen logisch komplexe Texte verstanden werden. Auch hier zeigen sich wieder deutliche Unterschiede zwischen den Inhaltsbereichen (Abb. 5.13). Bei Aufgaben im Bereich „Brüche multiplizieren" ist bei knapp 80 % der Aufgaben kein Textverständnis notwendig, während dies für den Satz des Pythagoras nur für knapp 30,65 % der Aufgaben zutrifft. Aufgaben, die ein unmittelbares Textverstehen oder ein Textverstehen mit Umorganisation erfordern, kommen im Inhaltsbereich „Satz des Pythagoras" deutlich häufiger vor als für den Inhaltsbereich der „Brüche multiplizieren".

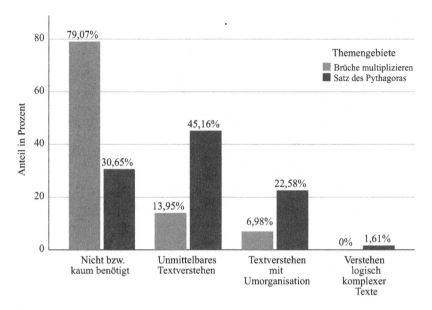

Abb. 5.13 Kategorie C6) -Umgehen mit mathematikhaltigen Texten. Anteile der Aufgaben je Themengebiet

Kategorie V1) – Art der Visualisierung

Abb. 5.14 zeigt die prozentuale Verteilung der verschiedenen bei den Aufgaben realisierten Arten der Visualisierung. Es zeigt sich, dass 42,45 % aller Aufgaben keine oder eine rein illustrierende Visualisierung besitzen. Ein Anteil von 51,89 % der Aufgaben weist eine statische Visualisierung auf (welche nicht rein illustrierend ist) und nur 5,66 % der Aufgaben zeigen eine dynamische Visualisierung. Abb. 5.15 zeigt erneut deutliche Unterschiede zwischen den Themenbereichen. So besitzen 79,07 % der Aufgaben zum Multiplizieren von Brüchen keine oder rein illustrierende Visualisierungen, während dies nur auf 17,46 % der Aufgaben zum Satz des Pythagoras zutrifft. Abb. 5.16 zeigt, dass dabei keine nennenswerten Unterschiede zwischen den Plattformen bestehen. Lediglich dynamische Visualisierungen werden bei Bettermarks etwas häufiger integriert als bei Anton oder Mathegym.

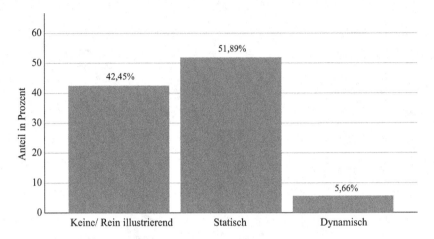

Abb. 5.14 Kategorie V1) – Art der Visualisierung. Statisch oder dynamisch. Anteile an der Gesamtaufgabenzahl

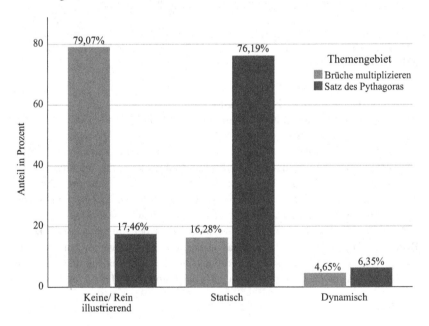

Abb. 5.15 Kategorie V1) – Art der Visualisierung. Statisch oder dynamisch. Anteile der Aufgaben je Themengebiet

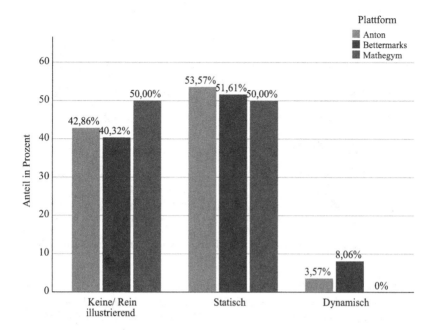

Abb. 5.16 Kategorie V1) – Art der Visualisierung. Statisch oder dynamisch. Anteile der Aufgaben je Plattform

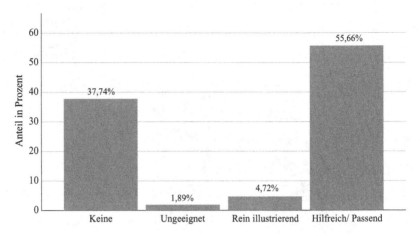

Abb. 5.17   Kategorie V2) Qualität der Visualisierung. Anteile der Gesamtaufgabenzahl

Kategorie V2) – Qualität der Visualisierung

Abb. 5.17 zeigt, dass wenn eine Visualisierung genutzt wird, diese in der Regel passend bzw. hilfreich ist. Insbesondere beim Satz des Pythagoras sind knapp 80 % der Aufgaben durch passende Visualisierungen unterstützt (Abb. 5.18). Der hohe Anteil an passenden Visualisierungen ergibt sich bei Aufgaben zum Satz des Pythagoras dadurch, dass die Aufgaben häufig eine statische Visualisierung enthalten, in welcher ein Dreieck oder ein anderes geometrisches Objekt dargestellt wird, welches in der Aufgabenstellung adressiert wird. Für den Inhaltsbereich der Multiplikation von Brüchen werden nur in knapp 17 % der Fälle passende Visualisierungen angeboten.

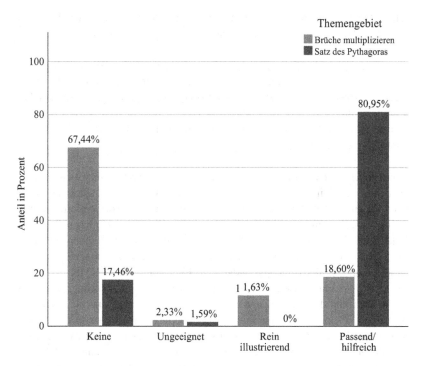

Abb. 5.18 Kategorie V2) Qualität der Visualisierung. Anteile der Aufgaben je Themengebiet

Zusammenfassung

Insgesamt konnte durch die Aufgabenanalyse ein erster exemplarischer Eindruck der Aufgaben gewonnen werden. Dabei ergaben sich folgende Befunde:

• Es zeigte sich eine deutliche Dominanz von Aufgaben, die Faktenwissen und Fertigkeiten fokussieren, während begriffliche Aufgaben selten realisiert werden.
• Mathematische Aktivitäten wie Argumentieren, Modellieren, Wechsel von Darstellungen oder das Verstehen von mathematikhaltigen Texten werden nur selten in den Blick genommen.

- Die Potenziale von interaktiven dynamischen Visualisierungen werden kaum genutzt. Die meisten Aufgaben beinhalten ausschließlich statische Visualisierungen.
- Es zeigen sich deutliche Unterschiede zwischen den Themenbereichen. Insbesondere bei der Multiplikation von Brüchen werden kognitive Aktivitäten auf niedrigem Niveau realisiert und Visualisierungen vergleichsweise selten implementiert.
- Die Unterschiede zwischen den Anbietern in Hinblick auf die vorherigen Punkte fallen eher gering aus.

Es lässt sich somit festhalten, dass die hier exemplarisch untersuchten Aufgaben nur ein kleines Spektrum mathematischer Aktivitäten abdecken. Zudem waren die untersuchten Aufgaben oftmals in Aufgabenserien organisiert, in denen gleiche Aufgaben mit veränderten Zahlenwerten bearbeitet werden sollten. Ein produktives Üben im Sinne der Kombination von automatisierenden, reflektierenden und entdeckenden Tätigkeiten wurde nicht realisiert. Betrachtet man das Kompetenzmodell der Bildungsstandards im Fach Mathematik (KMK, 2015, vgl. Abb. 5.19), so muss festgestellt werden, dass bei den untersuchten Aufgaben nur ein Bruchteil der Kompetenzen adressiert wurde. Zudem sind die untersuchten Aufgaben zumeist dem niedrigsten Anforderungsbereich, der Reproduktion, zuzuordnen. Höhere Anforderungsbereiche, wie etwa das Herstellen von Zusammenhängen (Anforderungsbereich II) oder das Verallgemeinern und Reflektieren (Anforderungsbereich III) wurden hingegen kaum durch die Aufgaben adressiert.

Einerseits limitiert der Anspruch, dass Aufgaben automatisiert ausgewertet werden sollen, natürlich auch die Möglichkeit, etwa Aufgaben, welche das Argumentieren adressieren, einzubeziehen. Allerdings lassen sich auch mit geschlossenen Aufgabenformaten, wie etwa Multiple-Choice-Fragen, durchaus auch stärker begriffliche und prozessbezogene Diagnoseaufgabenrealisieren (vgl. z. B. Beling, 2019; Besser et al. 2021). Abb. 5.20 zeigt exemplarisch, wie solche Aufgaben aussehen können. Zumindest für die beiden in diesem Report untersuchten Inhaltsbereiche wäre eine Erweiterung des Aufgabenspektrums in diesem Sinn äußerst gewinnbringend. Auf diese Weise könnte dann auch die oftmals zu beobachtende Fertigkeitsfokussierung im Unterricht stärker aufgebrochen werden.

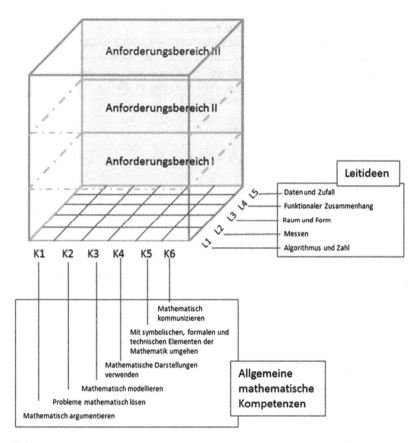

Abb. 5.19 Kompetenzmodell der Bildungsstandards im Fach Mathematik für die Allgemeine Hochschulreife (KMK, 2014)

Verstehensorientierte Multiple-Choice-Fragen

Aufgabe 1 fokussiert rein prozedurale Fertigkeiten, während Aufgabe 2, 3 und 4 stärker verstehensorientiert sind. So fokussiert etwa Aufgabe 3 das Verstehen, indem ein Darstellungswechsel zwischen Funktionsgraph, Funktionsgleichung und Wertetabelle angeregt wird. Aufgabe 4 erfordert von Lernenden Funktionen als Objekt in den Blick zu nehmen und das globale Verhalten zu betrachten.

Prozedural orientierte Multiple-Choice-Frage:

Aufgabe 1:

Bestimme den Schnittpunkt von $f(x) = x^2 - 4x + 3$ und $g(x) = x + 3$

A) $(0|3)$ und $(5|8)$

B) Es gibt nur einen Schnittpunkt: $(0|1)$

C) Es gibt keinen Schnittpunkt

Stärker konzeptuell orientierte Multiple-Choice-Fragen:

Aufgabe 2:

Bestimme den Schnittpunkt von $f(x) = x^2 - 4x + 3$ und $g(x) = x + 3$

Was passiert mit den Schnittpunkten, wenn man den y-Achsenabschnitt beider Funktionen um 1 erhöht?

A) Die Schnittpunkte bleiben gleich.

B) Ein Schnittpunkt verändert sich.

C) Beide Schnittpunkte verändern sich.

Aufgabe 3:

Bestimme den Schnittpunkt von $f(x) = x^2 - 4x + 3$ und $g(x) = x + 3$

Welche Aussagen gelten:

   A) In der Wertetabelle zu $g(x)$ gibt es einen y-Wert, der auch in der Wertetabelle von $f(x)$ vorkommt.

   B) Man kann die Steigung von $g(x)$ so verändern, dass die beiden Schnittpunkte die gleichen y-Koordinaten haben.

Aufgabe 4:

Wie oft schneiden sich die dargestellte Parabel und die Ursprungsgerade?

   A) 1 mal

   B) 2 mal

   C) 3 mal

   D) Hängt davon ab, wie stark die Parabel gestaucht ist

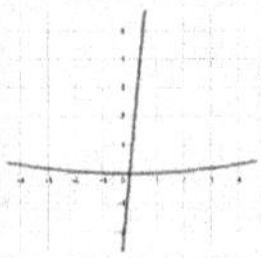

Abb. 5.20 Verstehensorientierte Multiple-Choice-Fragen. (siehe Thurm, 2021)

Limitationen

Zu beachten ist, dass die durchgeführte Analyse jedoch einigen Limitationen
unterliegt. So wurden die Aufgaben etwa nur von jeweils einem Rater/einer
Raterin bewertet. Des Weiteren erfolgte der Zugriff auf die Aufgaben der Lernplattformen im August 2020, so dass sich seitdem durchaus Änderungen bzgl. der
Aufgabenzusammensetzung auf den Lernplattformen ergeben haben können. Da
für die Aufgabenanalyse eine Eingrenzung der Lernplattformen und der Themen
vorgenommen wurde, können sich die Ergebnisse zudem nicht beliebig auf alle
Lernplattformen und Themen generalisieren lassen.

Adaptivität

6

Ein in der Praxis und Forschung häufig fokussiertes Merkmal digitaler Mathematik-Lernplattformen ist eine auf individueller Diagnostik basierende, technisch realisierte Adaptivität (Ma et al., 2014). Individuelle Lernvoraussetzungen, Lerndispositionen und konkrete Lern-Handlungen sollen durch die Lernplattform erfasst und im Anschluss genutzt werden, um den weiteren Lernprozess zu steuern – beispielsweise durch angepasste Zuteilung von schwereren oder leichteren Aufgaben oder passgenaue Hilfestellungen. Adaptivität wird deshalb eine hohe Bedeutung zugemessen, da Befunde der empirischen Lehr-Lern-Forschung zeigen, wie wichtig es ist, das Lernangebot an die Voraussetzungen der Lernenden anzupassen (Kerres, 2018, S. 155). Zwei wesentliche Ebenen der Adaptivität, welche für digitale Mathematik-Lernplattformen besonders relevant sind, sind dabei die Adaptivität auf Ebene des Feedbacks und die Adaptivität auf Ebene der Lernprozesssteuerung.

Adaptivität auf der Ebene des Feedbacks
Eine Adaptivität auf Ebene des Feedbacks bezeichnet die Bereitstellung von adaptiven Hilfestellungen oder Rückmeldungen an die Lernenden. Adaptivität auf Ebene des Feedbacks ist bei den in Kap. 3 skizzierten Plattformen nur selten realisiert. Nur Bettermarks und Mathegym bieten in Ansätzen eine Adaptivität auf Ebene des Feedbacks an. So gibt das Bettermarks-System etwa bei der Aufgabe $\frac{16}{19} - \frac{15}{19}$ und bei Eingabe der Antwort $\frac{1}{0}$ die Rückmeldung *„Subtrahiere nicht die Nenner"* an. Wird hingegen eine andere falsche Antwort, wie beispielsweise $\frac{2}{25}$ eingegeben, so erscheint die Rückmeldung *„Das ist leider nicht richtig"*. Auch Mathegym realisiert teilweise adaptive Hilfen. So etwa bei der folgenden Aufgabe:

D. Thurm und L. A. Graewert, *Digitale Mathematik–Lernplattformen in Deutschland*, MINTUS – Beiträge zur mathematisch–naturwissenschaftlichen Bildung, https://doi.org/10.1007/978-3-658-37520-1_6

„Gegeben ist das rechtwinklige Dreieck ABC mit folgenden Angaben: $\angle A = 90°$, a=2.3 b=1.7. Berechne die gesuchte Seite. Ergebnis falls erforderlich auf die 1. Dezimalstelle gerundet eingeben!"

Bei einer Eingabe von c = 2,9 erfolgt der adaptive Hinweis:

„Du hast so gerechnet, als ob c die Hypotenuse wäre. Das ist hier aber NICHT der Fall. Mach dir bei jeder Aufgabe erst mal anhand der Angaben klar, welche Seite überhaupt Hypotenuse ist! Tipp: Schau, wo der rechte Winkel ist...".

Hier zeigt sich bereits, dass Rückmeldungen bezüglich der Qualität stark schwanken können. So ist die Rückmeldung zur zweiten Aufgabe durchaus sinnvoll, da diese nicht auf rein prozeduraler Ebene verortet ist. Leider ist für die Lehrkraft intransparent, welche Aufgaben überhaupt solche adaptiven Rückmeldungen bereitstellen und bei welchen Eingaben welche adaptiven Rückmeldungen erfolgen. Dementsprechend ist es vollkommen unklar und auch praktisch nicht eruierbar, in welchem Ausmaß eine Adaptivität auf Ebene des Feedbacks bisher auf den Lernplattformen realisiert ist. Eine fachdidaktische Analyse der Qualität der adaptiven Hilfestellungen in dem Sinne, wie gut diese Hilfestellungen dem Lernenden bei einer Aufgabenbearbeitung helfen, würde ein wichtiges Merkmal der Tiefenstruktur digitaler Lernplattformen beleuchten, kann aber aufgrund dieser Intransparenz kaum geleistet werden.

Adaptivität auf der Ebene der Lernprozesssteuerung

Adaptivität auf Ebene der Lernprozesssteuerung bedeutet, dass nicht nur einzelne Aufgaben bzw. das Feedback zu diesen Aufgaben, sondern darüber hinausreichende Lernprozesse adaptiv gestaltet werden. Dies kann etwa durch eine adaptive Gestaltung von Lernpfaden realisiert sein, indem auf Basis der individuellen Lernvoraussetzungen bzw. auf Grundlage vorheriger Aufgabenbearbeitungen passende Folgeaufgaben ausgewählt werden, welche beispielsweise hinsichtlich der Schwierigkeit angepasst sind. Adaptivität auf Ebene der Lernprozesssteuerung ist bisher bei den in Kap. 3 skizzierten Lernplattformen nur in rudimentären Ansätzen realisiert. Die meisten Plattformen erfordern, dass die Aufgabenauswahl durchgängig durch die Lehrkraft oder die Lernenden erfolgt. Lediglich Bettermarks, Scoyo und Sofatutor verfügen in Ansätzen über eine adaptive Lernprozesssteuerung. Auf Basis eines Lernzielnetzes[1], welches Übungen und deren Lernziel-Beziehung zueinander abbildet, werden etwa bei Bettermarks sogenannten Wissenslücken identifiziert. Wissenslücken sind dabei inhaltliche Aspekte, welche Voraussetzung für eine

---

[1] Im Rahmen dieser Expertise kann keine Aussage über die Qualität des dabei verwendeten Lernzielnetzes gemacht werden.

erfolgreiche Bearbeitung der aktuellen Übungsserie sind, aber noch nicht beherrscht werden. Wird eine Wissenslücke identifiziert, werden dem Lernenden Übungsserien empfohlen, welche die Wissenslücken schließen sollen. Bei den Angeboten zum Schließen der Lücke wird allerdings kaum das Verstehen fokussiert, sondern es werden in der Regel nur weitere Rechenaufgaben angeboten. Wie der Name „Wissenslücken" schon zeigt, liegt hier zudemeine eher defizitorientierte Perspektive auf Lernprozesse vor.

Qualität der Diagnostik als Basis von Adaptivität
Voraussetzung einer elaborierten Adaptivität, sowohl auf Ebene des Feedbacks als auch auf Ebene der Lernprozesssteuerung, ist die Tiefe und Qualität, mit der lernrelevante Kognitionen diagnostiziert werden. So lassen sich beispielsweise unterschiedliche Facetten mathematischer Kompetenz bei Diagnoseprozessen in den Blick nehmen. Dabei wird sich eine fachdidaktisch vertiefte Diagnose auf unterschiedliche Facetten mathematischer Kompetenz beziehen und beispielsweise neben prozeduralen Fähigkeiten auch weitere Wissensfacetten, wie Vorstellungen zu mathematischen Begriffen, in den Blick nehmen (Häsel-Weide & Prediger, 2017). Kap. 5 machte jedoch deutlich, dass die auf den Plattformen integrierten Aufgaben stark prozedurale Fertigkeiten und mathematischen Kalkül fokussieren. Zudem werden bei den Plattformen meist Lösungsquoten als Diagnosekriterium herangezogen. Eine vertiefte Diagnostik, vor allem bezüglich inhaltlicher Vorstellungen oder prozessbezogener Kompetenzen, ist hierdurch kaum möglich. Für eine vertiefte Diagnostik bedürfte es einerseits Aufgaben, welche auch andere Wissensfacetten, wie zum Beispiel konzeptuelles Wissen, fokussieren. Andererseits müssten auch offenere Aufgaben implementiert werden, sowie die Analyse der Bearbeitungsprozesse der Aufgaben in den Fokus rücken. Hierdurch wäre es dann auch möglich, nicht nur Lösungsquoten als Diagnosegrundlage heranzuziehen. Die Umsetzung einer solchen tiefergehenden Diagnostik in einer digitalen Lernumgebung ist jedoch technisch und fachdidaktisch nicht trivial, vor allem wenn die Diagnostik weiterhin im Wesentlichen automatisiert erfolgen soll:

> […] learning goals usually include higher order thinking skills such as problem solving, modelling, reasoning, and proving. Within the constraints of current digital assessment environments (limited construction room for students, hardly any options to interpret reasoning or proof), it is not easy to assess these competences through digital means" (Drijvers et al., 2016, S. 14).

Es liegen jedoch bereits umfangreiche Forschungs- und Designerkenntnisse zur Gestaltung verstehensorientierterer digitaler Diagnoseaufgaben, vor allem aus internationalen Forschungs- und Entwicklungsprojektenvor (z.B. STEP, Numworx,

SMART; vgl. Kap. 4), welche bisher in den deutschsprachigen Angeboten nur marginal Berücksichtigung finden. Generell muss aber auch festgestellt werden, dass es bzgl. computerbasierten elaborierten Diagnosen noch einen erheblichen Forschungs- und Entwicklungsbedarf gibt. So stellt etwa Kerres (2018, S. 158) fest:

> „Bis heute ist es jedenfalls nur in kleinen Ausschnitten gelungen, das Verhalten von Lernenden während der Bearbeitung einer Lerneinheit so auszuwerten, dass dabei auf zugrundeliegende Kompetenzen bzw. Kompetenzdefizite geschlossen werden kann, und sich aus dieser Diagnose Sequenzen von Lernangeboten generieren lassen. Hinzu kommt der erhebliche Aufwand für die Konzeption und technische Implementation derartiger Lösungen" (Kerres, 2018, S. 158).

Wissenschaftliche Evidenz zur Wirksamkeit

7

Eine wesentliche Frage, welche auch von Lehrkräften immer wieder gestellt wird, ist die Frage, inwiefern empirische Evidenz vorliegt, dass der Einsatz digitaler Mathematik-Lernplattformen lernförderlich ist. Dementsprechend ist es kaum verwunderlich, dass (kommerzielle) Anbieter eine wissenschaftliche Evidenz prominent bewerben. So finden sich etwa auf der Seite von Bettermarks Überschriften wie „Lernerfolg bewiesen" oder „Besser in Mathe. Wissenschaftlich bewiesen". Die Plattform quop wirbt mit der Aussage „quop führt nachweisbar zu einem signifikant höheren Lernstand bei Kindern als Unterricht ohne quop". Das vorliegende Kapitel widmet sich daher der Frage, welche wissenschaftlichen Erkenntnisse zur Wirksamkeit der in Kap. 3 vorgestellten Mathematik-Lernplattformen existieren.

Um diese Frage zu beantworten, wurde eine Literaturrecherche in einschlägigen wissenschaftlichen Datenbanken durchgeführt, um Publikationen in wissenschaftlichen Fachjournalen mit Peer-Review zu identifizieren, welche die Lernwirksamkeit der in Kap. 3 vorgestellten Lernplattformen untersuchen. Zusätzlich wurden die in Kap. 3 vorgestellten Mathematik-Lernplattformen mit der Bitte kontaktiert, Auskunft über Ihnen bekannte entsprechende Studien zu geben. Insgesamt konnte hierbei nur eine Publikation in einem wissenschaftlichen Fachjournal mit Peer-Review identifiziert werden. Die Studie von Scharnagl et al. (2014) untersucht in einem Kontrollgruppendesign die Auswirkung von Bettermarks auf die Lernleistungen von Lernenden der 6. Klasse im Inhaltsbereich Addition und Subtraktion von Brüchen. Es werden zwar signifikante Effekte berichtet (allerdings vor allem für die leistungsstarken Lernenden), Effektstärken werden in der Publikation jedoch nicht genannt, sodass unklar bleibt, in welchem Ausmaß die Nutzung von Bettermarks zu relevanten Lernerfolgen führt. Aus wissenschaftlicher Sicht muss somit festgestellt werden, dass bisher

D. Thurm und L. A. Graewert, *Digitale Mathematik–Lernplattformen in Deutschland*, MINTUS – Beiträge zur mathematisch–naturwissenschaftlichen Bildung, https://doi.org/10.1007/978-3-658-37520-1_7

kaum belastbare empirische Befunde zur Wirksamkeit der in Kap. 3 vorgestellten deutschsprachigen Mathematik-Lernplattformen vorliegen.

An dieser Stelle soll daher der Blick geweitet und auf internationale Forschungserkenntnisse zur Wirksamkeit von Mathematik-Lernsoftware gerichtet werden. Metastudien zur Wirksamkeit digitaler Lernsoftware im Fach Mathematik (Hilmayr et al., 2020; Kulik & Fletcher, 2016; Ma et al., 2014; Steenberger-Hu & Copper, 2013) kommen dabei bisher zu keinem einheitlichen Ergebnis. Kulik & Fletscher (2016) halten etwa in Bezug auf intelligente tutorielle Systeme (ITS) fest:

> „The lack of consensus about ITSs effectiveness is striking. Questions loom up on all sides" (Kulik & Fletscher, 2016, S. 46).

So ist bisher kaum geklärt, inwiefern adaptive Hilfen, Feedback, Nutzungsdauer oder ein Fokus auf Fehlvorstellungen der Lernenden einen Einfluss auf die Wirksamkeit haben (Ma et al., 2014). Selbst für forschungsbasierte digitale Mathematik-Lernsysteme, wie „Cognitive Tutor" oder „ASSITments" (siehe Kap. 4), sind Auswirkungen auf die Lernleistungen erst in Ansätzen nachgewiesen (z. B. Murphy et al., 2020). Zudem scheint es eine große Variabilität zu geben, inwiefern stärkere oder schwächere Lernende von den Angeboten profitieren (Murphy et al., 2020; Steenberger-Hu & Copper, 2013). Ein erschwerender Faktor beim Nachweis der Wirksamkeit ist, dass oftmals gerade auch die Qualität der Implementation in den Lernprozess eine wichtige Variable für den Lernerfolg darstellt. So halten etwa Murphy et al. (2020) bezogen auf die unterrichtliche Implementation der Plattform „ASSISTments" fest:

> „Finally, we highlight that implementation quality has often been found to be an important variable in other studies of the impact of formative assessment and educational technology interventions. In this study, the ASSISTments team provided ample training and coaching to teachers that was well-received by participants. Our findings might not generalize to weaker or shorter-term implementations" (Murphy et al., 2020, S. 264).

Es ist zudem zu vermuten, dass Effekte insbesondere auch von der Art und Weise der Implementation abhängen. So können Mathematik-Lernplattformen im Rahmen des Präsenzunterrichts im Klassenraum genutzt oder im Rahmen der Hausaufgaben eingesetzt werden. Ebenso besteht die Möglichkeit, dass Lernende die Plattformen in Eigenregie zum Selbstlernen nutzen. Bisher ist vollkommen unklar, welche Einsatzszenarien welche Auswirkungen auf Lernprozesse zeigen.

Fazit

8

Digitale Mathematik-Lernplattformen gewinnen zunehmend an Bedeutung für das Lernen von Mathematik. Die Plattformen ermöglichen dabei unterschiedliche Einsatzszenarien: Sie können zum selbständigen Schließen von Wissenslücken (außerschulisch) genutzt, von Lehrkräften in den schulischen Präsenzunterricht integriert oder im Rahmen der Hausaufgaben eingesetzt werden.

Basierend auf den Analysen der vorgehenden Kapitel, werden im Folgenden wesentliche Herausforderungen benannt, welche im Hinblick auf eine Weiterentwicklung der gegenwärtig verfügbaren Plattformen aus fachdidaktischer Sicht besonders lohnenswert scheinen. Anschließend wird diskutiert, welche Schritte notwendig sind, um eine solche Weiterentwicklung gezielt zu unterstützen.

Acht Ansatzpunkte zur Weiterentwicklung der Angebote

1) **Qualität der Aufgaben**
   Die Aufgabenanalyse in Kap. 3 offenbart, dass die Gefahr besteht, dass die in den Plattformen realisierten Aufgaben nur einen begrenzten kognitiven Anspruch haben und vor allem ein isoliertes Training von Fertigkeiten fokussieren. Antwortformate beschränken sich auf den Plattformen meist auf wenig elaborierte Multiple-Choice-Fragen bzw. numerische Eingaben. Ein erster Ansatzpunkt wäre die Implementation elaborierter Multiple-Choice-Fragen, die auf Grundlage fachdidaktischer Analysen (z. B. bzgl. Fehlvorstellungen) entwickelt werden. Zudem werden gut beforschte Potenziale digitaler Medien, wie etwa interaktive und vernetzte Visualisierungen, oftmals nur sehr begrenzt ausgenutzt. Die Aufgabenanalyse zeigte zudem, dass die Gefahr besteht,

D. Thurm und L. A. Graewert, *Digitale Mathematik–Lernplattformen in Deutschland*, MINTUS – Beiträge zur mathematisch–naturwissenschaftlichen Bildung, https://doi.org/10.1007/978-3-658-37520-1_8

dass Visualisierungen eher in Themenbereichen implementiert werden, welche schon von ihren klassischen Darstellungen her mit Visualisierungen verbunden sind (z. B. Satz des Pythagoras). Visualisierungen als Verstehensgrundlage (z. B. beim Rechnen mit Brüchen) sind selten implementiert. Es wäre daher insgesamt wichtig die Qualität der Aufgaben verstärkt in den Blick zu nehmen und auch Aufgaben zu implementieren, welche konzeptuelle und prozessbezogene Facetten mathematischen Wissens adressieren.

2) **Qualität der Diagnostik**
Bezüglich der Diagnostik fokussieren die Plattformen vor allem Lösungsquoten der einzelnen Aufgaben. Lehrkräfte erhalten übersichtliche Auswertungen zu den Lösungsquoten der Aufgaben, und erfahren somit welche Aufgaben gut gekonnt wurden und welche von nur wenigen Lernenden gelöst werden konnten. Auch der Blick auf einzelne Lernende wird erleichtert, da schnell ersichtlich wird, welchen Lernenden die Aufgaben noch schwerfallen. Allerdings bietet keine der Plattformen tiefergehende verstehensorientierte Diagnosen an, welche etwa Informationen zu vorhandenen Fehlvorstellungen bei Lernenden liefern. Insbesondere lassen sich die Diagnosen der Plattformen nicht als Kompetenzmessungen auffassen, sondern stellen im Endeffekt lediglich den Bearbeitungserfolg bei eng umschriebenen Aufgaben dar. Es wäre daher nötig die diagnostische Tiefe etwa durch die Integration anderer Aufgabenformate zu erhöhen.

3) **Adaptivität**
Adaptivität auf Ebene der Hilfen und Lernprozesssteuerung ist nur in ersten rudimentären Ansätzen realisiert und bleibt weit hinter den Möglichkeiten zurück. So haben bisher nur sehr wenige Anbieter überhaupt adaptive Elemente integriert. Nach Aussage mehrerer Plattformen wird jedoch zurzeit an einem stärkeren Einbezug adaptiver Elemente gearbeitet. Es wäre somit nötig, Lernvoraussetzungen und Lernprozesse besser zu erfassen und eine fachdidaktisch fundierte Adaptivität zu realisieren. Hierbei wäre es insbesondere wichtig, dies nicht nur auf Ebene des Fertigkeitstrainings in den Blick zu nehmen (vgl. Punkt 1).

4) **Empirische Evidenz**
Belastbare Aussagen über die Wirksamkeit lassen sich bisher für die in Kap. 3 vorgestellten Plattformen nicht treffen. Selbst für die universitär eng begleitete Plattform quop fehlen bisher Wirkstudien für das Fach Mathematik (Souvignier et al., 2021). Die geringe empirische Evidenz steht im Widerspruch zu den Werbeaussagen mehrerer Plattformen, die teilweise explizit mit

einer angeblichen wissenschaftlichen Evidenz werben. Es wäre somit dringend nötig, vorhandene Angebote stärker wissenschaftlich zu begleiten und
zu evaluieren.[1]

5) **Einbezug der Lehrkräfte**
Lehrkräfte können bisher nur bei wenigen Plattformen (z. B. Serlo) Inhalte
selbst anlegen, eigene Aufgaben kreieren oder bestehende Aufgaben für ihre
Bedarfe adaptieren. Lehrkräfte haben somit gegenwärtig bei den meisten Plattformen fast keine Freiheitsgrade, um beispielsweise Aufgaben zu fehlenden
Kompetenzaspekten und mathematischen Aktivitäten zu ergänzen. Es ist somit
dringend nötig, Lehrkräften mehr Freiheit und Autonomie bzgl. der Erstellung
und Adaption der Inhalte einzuräumen.[2]

6) **Soziales Lernen**
Die untersuchten Mathematik-Lernplattformen sind auf Einzelsettings ausge-
legt, in denen einzelne Lernende die Lernplattform nutzen. Möglichkeiten für
kollaboratives Lernen wie etwa Möglichkeiten zu einer Interaktion zwischen
den Lernenden oder zwischen Lehrkräften und Lernenden sind kaum implementiert. Es wäre somit notwendig, zu überlegen, wie soziales Lernen auf
digitalen Mathematik-Lernplattformen integriert werden kann.

7) **Selbstregulation, Metakognition und Eigenverantwortung**
Die Konzeption der Plattformen stellt gegenwärtig die Fremdsteuerung der
Lernenden in den Vordergrund und unterstützt nur sehr begrenzt selbstre-
gulative und metakognitive Fähigkeiten. So werden etwa Lernende nicht
dabei unterstützt, sich in komplexere Lerninhalte einzuarbeiten, die von
ihnen einen höheren Grad der Selbstorganisation, der Planung und Kon-
zentration verlangen. Elemente wie die Durchführung von Selbstdiagnosen
oder das Bewusstmachen von Strategien zur Lösung von Aufgaben (z. B.
Modellierungskreislauf, heuristische Strategien) werden kaum adressiert.

8) **Professionalisierung von Lehrkräften**
Bisher steht die Professionalisierung von Lehrkräften im Kontext der Nutzung
digitaler Mathematik-Lernplattformen kaum im Fokus. Eine fachdidaktisch

---

[1] Dies bedeutet nicht eine alleinige Fokussierung auf randomisierte Kontrollgruppenstudien:
*„However, the evidence is a multidimensional construct and the abstraction of it to statistical
averaging as the "gold standard" rather than critically evaluating it from the breadth of types
of evidence should be approached with caution"* (Cukurova et al., 2019, S. 494).

[2] Einige Anbieter:innen scheinen jedoch die Bereitstellung entsprechender Funktionalitäten
zu planen. So gibt etwa Anton auf Anfrage an, dieses Feature in den kommenden Monaten
zu implementieren.

elaboriert gestaltete Mathematik-Lernplattform bietet jedoch die Möglichkeit nicht nur Lernprozesse auf Ebene der Lernenden zu unterstützen, sondern – wie etwa das australische SMART-Projekt deutlich gemacht hat (siehe Kap. 4) – auch fachdidaktische Professionalisierungsprozesse auf Ebene der Lehrkräfte anzustoßen.

Betrachtet man diese Agenda und vergleicht sie mit früheren Befunden zu digitalen Mathematik-Lernplattformen, so kann festgestellt werden, dass sich die Weiterentwicklungsbedarfe in den letzten Jahren nur wenig verändert haben. So hat die Kritik von Krauthausen (2012, S. 198), welcher reduktionistische Inhaltsangebote, eine Reinkarnation der Grundsätze programmierter Unterweisung und ein überholtes zugrunde liegendes Verständnis von Lernen und Lehren kritisiert, wenig an Aktualität verloren. Insbesondere gilt für viele der gegenwärtigen Angebote weiterhin:

> „Wenn auch die Möglichkeiten des offensiven Marketings hier heftig ausgeschöpft werden und insbesondere die Oberflächen (!) der Seiten technisch immer ausgefeilter und die Features zahlreicher werden: Durch die Brille fachdidaktischer Experten betrachtet, kehrt recht schnell Ernüchterung [...] ein" (Krauthausen, 2012, S. 198).

Besonders problematisch wird dies vor allem dann, wenn die Nutzung der Angebote Rückkopplungen auf den Unterricht entfaltet. Wird etwa der Mathematikunterricht hauptsächlich an den Angeboten der gegenwärtigen Lernplattformen orientiert, besteht die Gefahr, dass die dort angebotenen Aufgaben den Unterricht prägen und so etablierte mathematikdidaktische Standards wie etwa kognitive Aktivierung, sozial-konstruktivistisches Lernen und Verstehensorientierung, mit der Zeit erodieren.

Die zuvor benannten Punkte sollten jedoch nicht den Blick darauf verstellen, dass mit den gegenwärtigen Angeboten immerhin eine erste Grundlage existiert, die Möglichkeiten zur Weiterentwicklung bietet. Die Frage stellt sich, wie eine solche Weiterentwicklung angeregt und unterstützt werden kann.

Maßnahmen und Empfehlungen für die Zukunft

Die Nutzung digitaler Mathematik-Lernplattformen wird vermutlich auch in Zukunft eine immer größere Rolle für das schulische und außerschulische Lernen von Mathematik spielen. Die rasant zunehmende Popularität der Plattformen spiegelt dabei wider, dass Lehrkräfte die Plattformen als ein Werkzeug betrachten, um ihren Unterricht zu ergänzen, wobei gegenwärtig vor allem organisatorische

Vorteile, wie etwa das Zuweisen von Aufgaben und die Lernerfolgskontrolle auf Basis von Lösungsquoten, im Vordergrund stehen. Eine Weiterentwicklung der Plattformen muss jetzt unter einem dezidiert fachdidaktischen Blickwinkel erfolgen. Dabei lassen sich die zuvor beschriebenen acht Herausforderungen kaum von einem einzelnen Akteur bzw. einer einzelnen Akteurin allein bewältigen. Die Entwicklung von elaborierten Mathematik-Lernplattformen erfordert vielfältige Kompetenzen, sowohl auf technischer als auch auf mediendidaktischer und fachdidaktischer Ebene. Einzelnen Schulen, Lehrkräften und selbst Universitäten fehlen häufig die finanziellen und technischen Mittel, um entsprechende Angebote selbst zu gestalten bzw. in der Breite zu realisieren. Kommerzielle Anbieter sind wirtschaftlichen Rahmenbedingungen verpflichtet und haben nur begrenzte Expertise und Ressourcen, um länger währende, forschungsbasierte fachdidaktische Entwicklungsarbeit umzusetzen. Aus diesem Grunde wäre es ein Gewinn für alle Seiten, die Expertise der verschiedenen Akteure und Akteurinnen aus Politik, Wissenschaft, Unternehmen und Schule zusammenzubringen. Cukurova et al. (2019) beschreiben etwa, wie im EDUCATE-Programm des University Colleges London gezielt Unternehmen, Wissenschaftler:innen und Lehrkräfte zusammengebracht werden, um eine forschungsbasierte Entwicklung digitaler Medien zu fördern. Allerdings zeigte sich dabei, dass eine Verknüpfung der unterschiedlichen Akteure und Akteurinnen nicht einfach ist und besondere Herausforderungen mit sich bringt. So fassen Cukurova et al. (2019, S. 503) die wesentlichen Hürden wie folgt zusammen:

- „Unlike many products, such as medicines and food, EdTech products can go straight to market without any evaluation and, if there is any evidence, there is no check on its validity. This creates uncertainty around the impact of EdTech and may encourage companies to believe that it is unnecessary."
- „There is a lack of systematically reviewed EdTech evaluation reports and most independent EdTech research is not accessible or understandable to the EdTech sector."
- „There is a lack of engagement by academics with both practitioners and developers to provide research evidence and guidance. The only disappointing feature of our EDUCATE work to date is the reticence of academics to engage with developers and practitioners and for managers and leaders to see this as a worthy enterprise for which academic staff should be given time."
- „For emerging EdTech companies, who design and prototype in rapid cycles, the act of researching each stage can be perceived too slow for product development. However, the evidence from the EDUCATE project so far suggests that the value of building a more thoughtful research evaluation stage into each cycle, although slow and painful at first, becomes easier with experience – leading to a more research-minded company culture."

Da der vorliegende Bericht vor allem aus fachdidaktischer Sicht geschrieben ist, soll an dieser Stelle auch die besondere Verantwortung der fachdidaktischen Community herausgestellt werden. Diese muss sich in Zukunft viel stärker dem Thema digitaler Mathematik-Lernplattformen und generell dem Thema der digitalen Lernsoftware widmen. So mahnt bereits Krauthausen (2012), dass die Fachdidaktik bzgl. Lernsoftware und Lernplattformen häufiger und deutlicher Position beziehen muss und dabei fachdidaktische Standards, etwa bzgl. inhaltlicher und allgemeiner mathematischer Kompetenzen, entdeckendem und sozialem Lernen oder produktivem Üben, deutlich vertreten muss. Hier ist immer noch eine Zurückhaltung zu beobachten, welche nicht mit der zunehmenden Relevanz digitaler Mathematik-Lernplattformen für den schulischen Alltag vereinbar ist. Auch Clark-Wilson et al. (2020) stellen in ihrem Übersichtsartikel zum Stand der Forschung zu digitalen Medien im Mathematikunterricht heraus, dass sich die Fachdidaktik viel stärker mit dem massiv wachsenden kommerziellen Markt digitaler Bildungstechnologien auseinandersetzen muss:

„Finally, the mathematics education research community should and cannot ignore the extensive development in educational technology (EdTech) that is being driven by an estimated \$2.6 billion global industry (HolonIQ, 2019), much of which has been developed with limited reference to existing research in mathematics education and/or close involvement with the educational research community. [...], with educational technology products that include mathematics content now reaching millions of users worldwide, there is a need for closer involvement of the mathematics education research community to support companies to adopt more evidence-led approaches both in the design and evaluation of their products. This might be achieved by the community becoming more enterprising and seeking to raise funds to develop and commercialise its own innovations or by entering into collaborative research or co-design partnerships with companies that aim to formatively evaluate the effectiveness of existing products" (Clark-Wilson et al., 2020, S. 15).

In diesem Zusammenhang ist es somit auch dringend geboten, dass sich die Fachdidaktik bei der Produktentwicklung viel stärker engagiert:

„Digitalisierung wird in der Mathematikdidaktik eine Worthülse sein, wenn nicht die Forschung aktiv an der Erstellung von Materialien und Untersuchung von dabei auftretenden neuen Phänomenen teilhat. Daher muss der Erstellung solcher Umgebungen der notwendige Platz eingeräumt werden" (Sümmermann, 2020, S. 1312).

Im Zuge eines stärkeren Einbezugs der Fachdidaktik in Entwicklung und Beforschung digitaler Angebote wäre es dann auch möglich, die vielfältigen Forschungsdesiderate in Angriff zu nehmen, welche sich etwa in Bezug auf digitale Mathematik-Lernplattformen bzw. Lernsoftware im Allgemeinen identifizieren lassen. An dieser Stelle seien dabei nur exemplarisch einige offene Fragen benannt:

* Welche Qualitätskriterien auf Oberflächen- und Tiefenstruktur lassen sich für die Beurteilung von Mathematik-Lernplattformen heranziehen?
* Wie können Angebote für einen Vergleich von neutraler Seite beurteilt werden, damit Lehrende, Lernende und Eltern nicht auf Werbeaussagen der Anbietenden angewiesen sind?
* Welche Art der Integration in schulische Unterrichtssettings ist lernförderlich, welche nicht?
* Wie beeinflusst der Einsatz von auf Lösungsquoten und Aufgabenserien basierenden Systemen das Mathematikbild der Lernenden und Lehrenden?
* Wie können digitale Aufgabenformate aussehen, die stärker verstehensorientierte und prozessbezogene Diagnosen ermöglichen?
* Wie sehen digitale Aufgabenformate aus, die psychometrische Kompetenzmodelle valide operationalisieren?

Soll die Fachdidaktik sich dem umfangreichen Forschungs- und Entwicklungsprogramm bezüglich digitaler Mathematik-Lernplattformen nähern, sind natürlich auch entsprechende veränderte Rahmenbedingungen und Zielsetzungen notwendig. So lässt sich etwa beobachten, dass viele fachdidaktische Entwicklungsprojekte im Bereich der Digitalisierung, aufgrund begrenzter Mittel und einem Primat der Forschung, eher auf eng begrenzte Inhaltsbereiche fokussieren (z. B. Ruchniewicz, 2019). Solche begrenzten Entwicklungs- und Forschungsvorhaben bieten zwar die Basis für vielfältige und tiefgehende Forschungserkenntnisse, die anhand des digitalen Artefaktes gewonnen werden können – der Transfer dieser lokalen Designprodukte in die breite Praxis ist jedoch schwierig und bleibt häufig aus. Statt einem Flickenteppich aus untereinander wenig abgestimmten Angeboten sind zentrale Plattformen, wie sie in Kap. 3 beschrieben wurden, trotz fachdidaktischer Mängel für Lehrkräfte viel attraktiver. Will sich die Fachdidaktik stärker in die Entwicklung von alternativen Angeboten einbringen, so muss diese Entwicklung über exemplarische und eng begrenzte Einsatzmöglichkeiten hinaus gehen und auch eine kohärente schultaugliche Implementation in den Blick nehmen. Dies wäre einerseits in Kooperation mit den bestehenden Lernplattformen denkbar. Ein alternativer Ansatz wäre die Einrichtung eines Forschungs- und Entwicklungsclusters zu digitalen Mathematik-Lernplattformen an einer Universität oder in einem Verbund mehrerer Universitäten. Hier könnte dann der

Aufbau einer forschungsbasierten Mathematik-Lernplattform im Mittelpunkt stehen. In diesem Rahmen wäre es auch denkbar, Expertise und Technologie bereits existierender forschungsbasierter Mathematik-Lernplattformen (vgl. Kap. 4) als Grundlage einzukaufen, um eine schnelle Dissemination in der Breite zu ermöglichen. Eine stärkere Rolle der Fachdidaktik bei der Entwicklung und Beforschung digitaler Angebote bedingt jedoch auch eine stärkere Finanzierung vor allem auf Seite der technischen Entwicklung. Traditionell ist die Entwicklung von Lernumgebungen in der Mathematikdidaktik auf technischer Ebene relativ kostengünstig, da diese meist papierbasiert realisiert werden. Der größte Kostenfaktor war bisher dementsprechend die inhaltlich-konzeptuelle Gestaltung der Lernprodukte. Entwicklungen von digitalen Produkten erfordern hingegen elaborierte technische Expertise und dementsprechende finanzielle Mittel, um konzeptuelle Ideen auch technisch zu realisieren.

Insgesamt muss gegenwärtig konstatiert werden, dass Bildungspraxis und Forschung bezüglich Mathematik-Lernplattformen und dem damit eng verknüpften digitalen formativen Assessment bisher erschreckend schwach aufgestellt sind. Die zunehmende Nutzung digitaler Onlineangebote wird sich vermutlich nicht umkehren – die entscheidende Frage ist jedoch, in welche Richtung der weitere Weg verläuft. Welche Lerninhalte und Aktivitäten erleben Lernende auf Mathematik-Lernplattformen? Welche Wirkungen auf Lernprozesse, das Mathematikbild und auf die Persönlichkeit des Einzelnen sind damit verknüpft? Wie kann ein zeitgemäßes, verstehensorientiertes Lernen unter Einbezug digitaler Mathematik-Lernplattformen aussehen? Die Beantwortung dieser Fragen berührt letztlich die Lernkultur des gesamten Fachs Mathematik. Es ist dringend geboten, diese Frage konstruktiv aus einer fachdidaktischen Sicht zu beantworten und die Entwicklung fachdidaktisch fundierter Angebote nicht weiterhin weitestgehend dem Zufall zu überlassen.

Dank

Ein Dank gilt den Kolleginnen und Kollegen aus der fachdidaktischen Community (insbesondere an der Universität Duisburg-Essen), welche das Rating der Aufgaben durchgeführt haben. Ein besonderer Dank gilt zudem den Mitarbeitern und Mitarbeiterinnen der Arbeitsgruppe von Prof. Dr. Barzel und Frau Koschlik für die vielfältigen und konstruktiven Diskussionen in Bezug auf den vorliegenden Bericht. Ein Dank gilt zudem der Deutschen Telekom Stiftung, welche die Erstellung des vorliegenden Berichtes finanziell unterstützt hat.

Erratum zu: Vorstellung ausgewählter deutschsprachiger Mathematik-Lernplattformen

Erratum zu:
Kapitel 3 in D. Thurm und L. A. Graewert, *Digitale*
Mathematik-Lernplattformen in Deutschland,
MINTUS – Beiträge zur
mathematisch–naturwissenschaftlichen Bildung,
https://doi.org/10.1007/978-3-658-37520-1_3

Ein Textteil in Kap. 3 wurde während der Herstellung des Buches versehentlich rausgenommen. Dieser Teil ist nun nachträglich eingefügt worden. Außerdem wurden auch einige Layoutänderungen durchgeführt, um die Lesbarkeit des Buches zu verbessern.

Die aktualisierte Version des Kapitels ist verfügbar unter
https://doi.org/10.1007/978-3-658-37520-1_3

© Der/die Herausgeber bzw. der/die Autor(en), exklusiv lizenziert an Springer Fachme-   E1
dien Wiesbaden
GmbH, ein Teil von Springer Nature 2023
D. Thurm und L. A. Graewert, *Digitale Mathematik–Lernplattformen in Deutschland*,
MINTUS – Beiträge zur mathematisch–naturwissenschaftlichen Bildung,
https://doi.org/10.1007/978-3-658-37520-1_9

Literatur

Abdu, R., Olsher, S., & Yerushalmy, M. (2019). Towards automated grouping: Unraveling mathematics teachers' considerations. In B. Barzel, R. Bebernik, L. Göbel, M. Pohl, H. Ruchniewicz, F. Schacht, & D. Thurm (Hrsg.), *Proceedings of the 14th international conference on technology in mathematics teaching* (S. 147–155). Universität Duisburg-Essen. https://doi.org/10.17185/duepublico/70750.

Azevedo, R., & Bernard, R. M. (1995). A meta-analysis of the effects of feedback in computer-based instruction. *Journal of Educational Computing Research, 13,* 111–127. https://doi.org/10.2190/9LMD-3U28-3A0G-FTQT.

Barzel, B. (2012). *Computeralgebra im Mathematikunterricht: Ein Mehrwert – aber wann?* Waxmann.

Barzel, B., Ball, L., & Klinger, M. (2019). Students' self-awareness of their mathematical thinking: Can self-assessment be supported through CAS integrated learning apps on smartphones? In G. Aldon & J. Trgalova (Hrsg.), *Selected papers of the International Conference on Technology in Mathematics Teaching (ICTMT13)* (S. 75–91). Springer. https://doi.org/10.1007/978-3-030-19741-4_4.

Beling, B. (2019). Sehen wo ihr steht: Mit Plickers diagnostizieren. *Mathematik Lehren, 215,* 39–41.

Besser, M., Göller, R., Ehmke, T., Leiss, D. & Hagena, M. (2021). Entwicklung eines fachspezifischen Kenntnistests zur Erfassung mathematischen Vorwissens von Bewerberinnen und Bewerbern auf ein Mathematik-Lehramtsstudium. *Journal für Mathematik-Didaktik 42*(2), 335–365. https://doi.org/10.1007/s13138-020-00176-x

BMBF (Bundesministerium für Bildung und Forschung). (Hrsg.). (2016). *Bildungsoffensive für die digitale Wissensgesellschaft.* Bundesministerium für Bildung und Forschung. https://www.bmbf.de/pub/Bildungsoffensive_fuer_die_digitale_Wissensgesellsc haft.pdf.

Bokhove, C., & Drijvers, P. (2012). Effects of a digital intervention on the development of algebraic expertise. *Computers & Education, 58*(1), 197–208. https://doi.org/10.1016/j.compedu.2011.08.010.

BSB (Behörde für Schule und Berufsbildung). (2018). *Digitalisierung der Schulen mit deutlichen Fortschritten.* Hamburg. https://www.hamburg.de/bsb/pressemitteilungen/115 92262/2018-09-03-bsb-digitalisierung/.

© Der/die Herausgeber bzw. der/die Autor(en), exklusiv lizenziert an Springer
Fachmedien Wiesbaden GmbH, ein Teil von Springer Nature 2022
D. Thurm und L. A. Graewert, *Digitale Mathematik–Lernplattformen in Deutschland,*
MINTUS – Beiträge zur mathematisch–naturwissenschaftlichen Bildung,
https://doi.org/10.1007/978-3-658-37520-1

Clark-Wilson, A., Robutti, O., & Thomas, M. (2020). Teaching with digital technology. *ZDM Mathematics Education, 52*, 1223–1242. https://doi.org/10.1007/s11858-020-01196-0.

Cohen, P. A., & Dacanay, L. S. (1992). Computer-based instruction and health professions education: A meta-analysis of outcomes. *Evaluation & the Health Professions, 15*, 259–281. https://doi.org/10.1177/016327879201500301.

Corbalan, G., Kester, L., & Van Merriënboer, J. J. G. (2006). Towards a personalized task selection model with shared instructional control. *Instructional Science, 34*, 399–422. https://doi.org/10.1007/s11251-005-5774-2.

Corbett, A. T., Koedinger, K. R., & Hadley, W. (2001). Cognitive tutors: From the research classroom to all classrooms. In P. S. Goodman (Hrsg.), *Technology enhanced learning: Opportunities for change* (S. 235–263). Lawrence Erlbaum Asssociates.

Crowder, N. A. (1959). Automatic tutoring by means of intrinsic programming. In E. Galanter (Hrsg.), *Automatic teaching: The state of the art* (S. 109–116). Wiley.

Cukurova, M., Luckin, R., & Clark-Wilson, A. (2019). Creating the golden triangle of evidence-informed education technology with EDUCATE. *British Journal of Educational Technology, 50*(2), 490–504. https://doi.org/10.1111/bjet.12727.

Drijvers, P., Ball, L., Barzel, B., Heid, M. K., Cao, Y., & Maschietto, M. (2016). *Uses of technology in lower secondary mathematics education: A concise Topical Survey.* Springer Open. https://doi.org/10.1007/978-3-319-33666-4_1.

DS (Deutsche Startups). (2020). Wir mussten die Anmeldung kurzfristig schließen. https://www.deutsche-startups.de/2020/04/13/bettermarks-interview-corona-krise/.

Ebbinghaus, U. (2020). *MINT-Schwäche in Schulen: Ist Lernsoftware besser als ein schlechter Mathelehrer?* Frankfurter Allgemeine Zeitung. https://www.faz.net/aktuell/karriere-hochschule/klassenzimmer/mint-schwaeche-in-schulen-bringt-corona-die-mathe-software-voran-16828246.html?printPagedArticle=true#pageIndex_2.

Harel, R., Olsher, S., & Yerushalmy, M. (2020). Designing online formative assessment that promotes students' reasoning processes. In B. Barzel, R. Bebernik, L. Göbel, M. Pohl, H. Ruchniewicz, F. Schacht, & D. Thurm (Hrsg.), *Proceedings of the 14th international conference on technology in mathematics teaching* (S. 181–189). Universität Duisburg-Essen. https://doi.org/10.17185/duepublico/70762.

Häsel-Weide, U., & Prediger, S. (2017). Förderung und Diagnose im Mathematikunterricht – Begriffe, Planungsfragen und Ansätze. In M. Abshagen, B. Barzel, J. Kramer, T. Riecke-Baulecke, B. Rösken-Winter, & C. Selter (Hrsg.), *Basiswissen Lehrerbildung: Mathematik unterrichten mit Beiträgen für den Primar- und Sekundarstufenbereich* (S. 167–181). Friedrich/Klett Kallmeyer.

Heeren, B., Jeuring, J., Sosnovsky, S., Drijvers, P., Boon, P., Tacoma, S., Koops, J., Weinberger, A., Grugeon-Allys, B., Chenevotot-Quentin, F., van Wijk, J., & van Walree, F. (2018). Fine-grained cognitive assessment based on free-form input for math story problems. In V. Pammer-Schindler, M. Pérez-Sanagustín, H. Drachsler, R. Elferink, & M. Scheffel (Hrsg.), *Proceedings of European conference on technology enhanced learning (EC-TEL) 2018* (S. 262–276). Springer International Publishing. https://doi.org/10.1007/978-3-319-98572-5_20.

Heffernan, N. T., & Heffernan, C. L. (2014). The ASSISTments ecosystem: Building a platform that brings scientists and teachers together for minimally invasive research on human learning and teaching. *International Journal of Artificial Intelligence in Education, 24*(4), 470–497. https://doi.org/10.1007/s40593-014-0024-x.

Heffernan, N. T., & Koedinger, K. R. (2000). Intelligent tutoring systems are missing the tutor: Building a more strategic dialog-based tutor. In C.P. Rose & R. Freedman (Hrsg.) *Proceedings of the AAAI fall symposium on building dialogue systems for tutorial applications* (S. 14–19). AAAI Press.

Heid, M. K., & Blume, G. W. (Hrsg.). (2008). *Research on technology and the teaching and learning of mathematics: Volume 1: Research synthesis.* Information Age Publishing.

Hillmayr, D., Ziernwald, L., Reinhold, F., Hofer, S. I., & Reiss, K. M. (2020). The potential of digital tools to enhance mathematics and science learning in secondary schools: A context-specific meta-analysis. *Computers & Education 153(2).* https://doi.org/10.1016/j.compedu.2020.103897.

Holmes, W., Anastopoulou, S., Schaumburg, H., & Mavrikis, M. (2018). *Personalisiertes Lernen mit digitalen Medien. Ein roter Faden.* Robert Bosch Stiftung.

Holon IQ. (2019). 10 Charts that explain the global edtech market. https://www.holoniq.com/edtech/10-charts-that-explain-theglobal-education-technology-market.

Hommerich, L. (2014). *Lernsoftware in der Schule: Zaghaft ins digitale Neuland.* Der Tagesspiegel. https://www.tagesspiegel.de/wissen/lernsoftware-in-der-schule-zaghaft-ins-digitale-neuland/11173088.html.

Hughes, M. G., Day, E., Wang, X., Schuelke, M. J., Arsenault, M. L., Harkrider, L. N., & Cooper, O. D. (2013). Learner-controlled practice difficulty in the training of a complex task: Cognitive and motivational mechanisms. *Journal of Applied Psychology, 98,* 80–98. https://doi.org/10.1037/a0029821.

Jordan, A., Ross, N., Krauss, S., Baumert, J., Blum, W., Neubrand, M., Löwen, K., Brunner, M., & Kunter, M. (2006). *Klassifkationsschema für Mathematikaufgaben: Dokumentation der Aufgabenkategorisierung im COACTIV-Projekt.* Max-Planck-Institut für Bildungsforschung.

Jordan, A., Krauss, S., Löwen, K., Kunter, M., Baumert, J., Blum, W., Neubrand, M., & Brunner, M. (2008). Aufgaben im COACTIV-Projekt: Zeugnisse des kognitiven Aktivierungspotentials im deutschen Mathematikunterricht. *Journal für Mathematikdidaktik, 29(2),* 83–107. https://doi.org/10.1007/BF03339055.

Kerres, M. (2018): *Mediendidaktik: Konzeption und Entwicklung digitaler Lernangebote* (5. Aufl.). De Gruyter. https://doi.org/10.1515/9783110456837.

Klingbeil, K., Rösken, F., Thurm, D., Barzel, B., Schacht, F., Kortenkamp, U., Stacey, K. & Steinle, V. (2022a). SMART - Online-Diagnostic to Reveal Students' Algebraic Thinking and Enhance Teachers' Diagnostic Competencies. In U.T. Jankvist, R. Elicer, A. Clark-Wilson, H.-G. Weigand, & M. Thomsen (Eds.), *Proceedings of the 15th International Conference on Technology in Mathematics Teaching (ICTMT 15)* (pp. 290–297). Aarhus University.

Klingbeil, K., Rösken, F., Barzel, B., Schacht, F., Kortenkamp, U. & Thurm, D. (2022b - in Druck): SMART - eine verstehensorientierte Online-Diagnostik am Beispiel Variablenverständnis. *Beiträge zum Mathematikunterricht 2022.* WTM-Verlag

Klinger, M. (2019). „Besser als der Lehrer!" – Potenziale CAS-basierter Smartphone-Apps aus didaktischer und Lernenden-Perspektive. In G. Pinkernell & F. Schacht (Hrsg.), *Digitalisierung fachbezogen gestalten: Arbeitskreis Mathematikunterricht und digitale Werkzeuge in der Gesellschaft für Didaktik der Mathematik/Herbsttagung vom 28. bis 29. September 2018 an der Universität Duisburg-Essen* (S. 69–85). Franzbecker. https://doi.org/10.17185/duepublico/49230.

KMK (Sekretariat der Ständigen Konferenz der Kultusminister der Länder der Bundesrepublik Deutschland). (Hrsg.). (2015). *Bildungsstandards im Fach Mathematik für die Allgemeine Hochschulreife (Beschluss der Kultusministerkonferenz vom 18.10.2012).* Kluwer.

Krauthausen, G. (2012). Digitale Medien im Mathematikunterricht der Grundschule. *Springer Verlag.* https://doi.org/10.1007/978-3-8274-2277-4.

Kulik, J. A., & Fletcher, J. D. (2016). Effectiveness of intelligent tutoring systems: A meta-analytic review. *Review of educational research, 86*(1), 42–78. https://doi.org/10.3102/0034654315581420.

Le Pichon-Vorstman, E., Siarova, H., & Szönyi, E. (Hrsg.). (2020). *The future of language education in Europe: Case studies of innovative practices.* Publications Office of the European Union. https://doi.org/10.2766/81169.

Leuders, T. (2015). Aufgaben in Forschung und Praxis. In R. Bruder,L. Hefendehl-Hebeker, B. Schmidt-Thieme, & H.-G. Weigand (Hrsg.), *Handbuch der Mathematikdidaktik* (S. 435–460). Springer. https://doi.org/10.1007/978-3-642-35119-8_16.

Ma, W., Adesope, O. O., Nesbit, J. C., & Liu, Q. (2014). Intelligent tutoring systems and learning outcomes: A meta-analysis. *Journal of educational psychology, 106*(4), 901–918. https://doi.org/10.1037/a0037123.

Martin, F., Klein, J. D., & Sullivan, H. (2007). The impact of instructional elements in computer-based instruction. *British Journal of Educational Technology, 38,* 623–636. https://doi.org/10.1111/j.1467-8535.2006.00670.x.

Murphy, R., Roschelle, J., Feng, M., & Mason, C. A. (2020). Investigating Efficacy, Moderators and Mediators for an online mathematics homework intervention. *Journal of Research on Educational Effectiveness, 13*(2), 235–270. https://doi.org/10.1080/19345747.2019.1710885.

Neubrand, J. (2002). *Eine Klassifikation mathematischer Aufgaben zur Analyse von Unterrichtssituationen. Selbsttätiges Arbeiten in Schülerarbeitsphasen in den Stunden der TIMSS-Video-Studie.* Franzbecker.

Pane, J. F., Griffin, B. A., McCaffrey, D. F., & Karam, R. (2014). Effectiveness of cognitive tutor algebra I at scale. *Educational Evaluation and Policy Analysis, 36*(2), 127–144. https://doi.org/10.3102/0162373713507480.

Ritter, S., & Fancsali, S. (2016). MATHia X: The Next Generation Cognitive Tutor. In T. Barnes, M. Chi, & M. Feng (Hrsg.). *Proceedings of the 9th International Conference on Educational Data Mining* (S. 624–625).

Ritter, S., Anderson, J. R., Koedinger, K. R., & Corbett, A. (2007). Cognitive tutor: Applied research in mathematics education. *Psychonomic bulletin & review, 14*(2), 249–255. https://doi.org/10.3758/BF03194060.

Ruchniewicz, H. (2019). Forschungsbasierte Entwicklung eines digitalen Tools zum Selbst-Assessment funktionalen Denkens. In A. Frank, S. Krauss, & K. Binder (Hrsg.), *Beiträge zum Mathematikunterricht 2019* (S. 1409). WTM.

Scharnagl, S., Evanschitzky, P., Streb, J., Spitzer, M., & Hille, K. (2014). Sixth graders benefit from educational software when learning about fractions: A controlled classroom study. *Numeracy: Advancing Education in Quantitative Literacy, 7*(1). https://doi.org/10.5038/1936-4660.7.1.4.

Skinner, B. F. (1958). Teaching machines. *Science, 128,* 969–977. https://doi.org/10.1126/science.128.3330.969.

Sosa, G. W., Berger, D. E., Saw, A. T., & Mary, J. C. (2011). Effectiveness of computer-assisted instruction in statistics: A meta-analysis. *Review of Educational Research, 81,* 97–128. https://doi.org/10.3102/0034654310378174.

Souvignier, E., Förster, N., Hebbecker, K., & Schütze, B. (2021). Using digital data to support teaching practice – quop: An effective web-based approach to monitor student learning progress in reading and mathematics in entire classrooms. In S. Jornitz & A. Wilmers (Hrsg.), *International perspectives on school settings, education policy and digital strategies. A transatlantic discourse in education research* (S. 283–298). Barbara Budrich.

Stacey, K., Steinle, V., Price, B., & Gvozdenko, E. (2018). Specific mathematics assessments that reveal thinking: An online tool to build teachers' diagnostic competence and support teaching. In T. Leuders, J. Leuders, K. Philipp, & T. Dörfler (Hrsg.), *Diagnostic competence of mathematics teachers—Unpacking a complex construct in teacher education and teacher practice* (S. 241–263). Springer. https://doi.org/10.1007/978-3-319-66327-2_13.

Stamper, J., Koedinger, K., Ryan, B., Skogsholm, A., Leber, B., Rankin, J., & Demi, S. (2010). PSLC DataShop: A data analysis service for the learning science community. In V. Aleven, J. Kay, & J. Mostow (Hrsg.) *Intelligent Tutoring Systems* (S. 455–456). Springer. https://doi.org/10.1007/978-3-642-13437-1_112.

Steenbergen-Hu, S., & Cooper, H. (2013). A meta-analysis of the effectiveness of intelligent tutoring systems on K–12 students' mathematical learning. *Journal of Educational Psychology, 105*(4), 970–987. https://doi.org/10.1037/a0032447.

Stein, M. (2012). Eva-CBTM: *Evaluation of Computer Based Online Training Programs for -Mathematics–2nd enlarged edition.* WTM.

Stein, M. (2013). Online-Plattformen zum Üben im Fach Mathematik im deutsch- und englischsprachigen Raum – ein systematischer Vergleich. In G. Greefrath, F. Käpnick, & M. Stein (Hrsg.) *Beiträge zum Mathematikunterricht 2013.* Waxmann. https://doi.org/10.17877/DE290R-14052.

Stein, M. K., Grover, B. W., & Henningsen, M. (1996). Building student capacity for mathematical thinking and reasoning: An analysis of mathematical tasks used in reform classrooms. *American educational research journal, 33*(2), 455–488. https://doi.org/10.2307/1163292.

Sümmermann, S. (2020). Entwicklung von mathematischen Lernumgebungen als mathematikdidaktische Forschung. In H.-S. Siller, W. Weigel, & J. F. Wörler (Hrsg.), *Beiträge zum Mathematikunterricht 2020* (S. 1309–1312). WTM-Verlag. https://doi.org/10.17877/DE290R-21584.

TAZ. (2020). Lernen von zu Hause: Sofatutor für alle. https://taz.de/Lernen-von-zu-Hause/!5674459/.

Thonhauser, J. (Hrsg). (2008). *Aufgaben als Katalysatoren von Lernprozessen.* Waxmann.

Thurm, D. (2020). Digitale Werkzeuge im Mathematikunterricht integrieren: Zur Rolle von Lehrerüberzeugungen und der Wirksamkeit von Fortbildungen. *Springer.* https://doi.org/10.1007/978-3-658-28695-8.

Thurm, D. (2021). Onlinebasiertes Testen: Reichhaltige Mischkultur oder gefährliche Monokultur? *Mathematik lehren, 225,* 43–45.

Thurm, D., & Barzel, B. (2020). Effects of a professional development program for teaching mathematics with technology on teachers' beliefs, self-efficacy and practices. *ZDM Mathematics Education, 52,* 1411–1422. https://doi.org/10.1007/s11858-020-01158-6.

Thurm, D., & Barzel, B. (2021). Teaching mathematics with technology: A multidimensional analysis of teacher beliefs and practice. *Educational Studies in Mathematics, 109*, 1–63. https://doi.org/10.1007/s10649-021-10072-x.

WELT (2020). 100 Mio Euro aus Digitalpakt Schule für Online-Plattformen. https://www.welt.de/newsticker/dpa_nt/infoline_nt/netzwelt/article206812721/100-Mio-Euro-aus-Digitalpakt-Schule-fuer-Online-Plattformen.html.

WWC (What Works Clearinghouse). (2016). WWC Intervention Report. https://files.eric.ed.gov/fulltext/ED566735.pdf.

Yerushalmy, M. (2019). Seeing the entire picture (STEP): An example-eliciting approach to online formative Assessment. In B. Barzel, R. Bebernik, L. Göbel, M. Pohl, H. Ruchniewicz, F. Schacht, & D. Thurm (Hrsg.), *Proceedings of the 14th International Conference on Technology in Mathematics Teaching* (S. 26–37). Universität Duisburg-Essen. https://doi.org/10.17185/duepublico/70728.

Yerushalmy, M., & Olsher, S. (2020). Online assessment of students' reasoning when solving example-eliciting tasks: Using conjunction and disjunction to increase the power of examples. *ZDM Mathematics Education,* 1033–1049. https://doi.org/10.1007/s11858-020-01134-0.

Yerushalmy, M., Nagari-Haddif, G., & Olsher, S. (2017). Design of tasks for online assessment that supports understanding of students' conceptions. *ZDM, 49*(5), 701–716. https://doi.org/10.1007/s11858-017-0871-7.